ATLAS OF THE
PRENATAL
MOUSE BRAIN

ATLAS OF THE PRENATAL MOUSE BRAIN

Uta B. Schambra
Brain Development Research Center
University of North Carolina School of Medicine
Chapel Hill, North Carolina

Jean M. Lauder
Department of Cell Biology and Anatomy
University of North Carolina School of Medicine
Chapel Hill, North Carolina

Jerry Silver
Department of Neurosciences
Case Western Reserve University School of Medicine
Cleveland, Ohio

ACADEMIC PRESS, INC.
Harcourt Brace Jovanovich, Publishers
San Diego   New York   Boston   London   Sydney   Tokyo   Toronto

I dedicate this book to my children Eric, Kirsten, and Heidi, and thank them for their great understanding, loving support, and encouragement.
Uta B. Schambra

This book is printed on acid-free paper. ∞

Copyright © 1992 by ACADEMIC PRESS, INC.
All Rights Reserved.
No part of this publication may be reproduced or transmitted in any form or by any means, electronic or mechanical, including photocopy, recording, or any information storage and retrieval system, without permission in writing from the publisher.

Academic Press, Inc.
San Diego, California 92101

United Kingdom Edition published by
Academic Press Limited
24-28 Oval Road, London NW1 7DX

Library of Congress Cataloging-in-Publication Data

Schambra, Uta B.
　　Atlas of the prenatal mouse brain / Uta B. Schambra, Jean M. Lauder, Jerry Silver.
　　　　p.　cm.
　　　Includes index.
　　　ISBN 0-12-622585-0
　　　1. Brain--Growth--Atlases.　2. Brain--Anatomy--Atlases.　3. Mice--Growth--Atlases.　4. Mice--Anatomy--Atlases.　I. Lauder, Jean M. II. Silver, Jerry.　　III. Title.　IV. Title: Prenatal mouse brain.
QL937.S34　1991
599.32'33--dc20
　　　　　　　　　　　　　　　　　　　　　　　　　　　　91-32888
　　　　　　　　　　　　　　　　　　　　　　　　　　　　CIP

PRINTED IN THE UNITED STATES OF AMERICA
91　92　93　94　　9　8　7　6　5　4　3　2　1

CONTENTS

Preface   vii

Introduction   ix

Methods   xi

References   xiii

List of Abbreviations   xvii

List of Structures   xxv

Gestational Day 12 (GD 12)   1
9 Sagittal sections   1
15 Coronal sections   21
9 Horizontal sections   53

Gestational Day 14 (GD 14)   73
7 Sagittal sections   73
16 Coronal sections   89
10 Horizontal sections   123

Gestational Day 16 (GD 16)   145
12 Sagittal sections   145
21 Coronal sections   171
13 Horizontal sections   215

Gestational Day 18 (GD 18)   243
10 Sagittal sections   243
20 Coronal sections   265
11 Horizontal sections   305

PREFACE

There is an urgent need for a comprehensive atlas of the prenatally developing mouse brain for studies of both normal and abnormal development. Inbred mouse strains, genetically relatively uniform, are widely used in normal experimental studies, as well as in teratological studies in which abnormal development due to prenatal insult is assessed. Transgenic mouse models and mouse mutants are increasingly used to study functional deficits resulting from perturbation of specific neuronal systems. Frequently the description of abnormal development of the central nervous system is either avoided or only marginally addressed due to the unavailability of an atlas of the developing mouse brain from which structures can be unequivocally identified. Existing atlases, dealing either with the developing rat brain or adult mouse or rat brain, are often inadequate for studies of the embryonic or fetal mouse brain.

The present atlas will serve as a comprehensive reference guide for prenatal mouse brain studies, as well as studies of other rodent brains.

Specimens for this atlas were prepared as they would be in a laboratory study, i. e., the heads for gestational day (GD) 12 and 14 embryos, and brains for GD 16 and 18 fetuses were used. Sections to be photographed were then chosen for the information they convey, rather than at uniform intervals. To give a realistic view of the shape and size of a section at a particular level, whole sections were photographed equally magnified at each plane and developmental stage. Each photograph was then matched by a line drawing with structures labeled in abbreviated terms. The 12 sets of photomicrographs and line drawings begin with a figure indicating the level of the sections. The list of references of the papers used in the identification of brain structures and time of origin data will provide a useful guide for further detailed studies of specific neuronal groups and brain regions during development.

The authors wish to thank Dr. Kathleen K. Sulik for kindly providing the C57Bl/6J mice used in this study. The authors are especially thankful to the medical illustrators who have worked with great patience on the line drawings: Gina Harrison, Cathy-Joan McDonald, and Ginny Ruark. Thanks also to George Breese, postdoctoral advisor to U.B.S., for his patience during the completion stage of this work.

INTRODUCTION

A prenatal atlas of the mouse brain is presently unavailable and is needed for studies of normal and abnormal development, as well as of transgenic mice and mutants. The present prenatal mouse brain atlas represents a collection of photomicrographs and corresponding line drawings of gestational day 12, 14, 16, and 18 mouse brain sections, cut 10 μm thick in coronal, horizontal, and sagittal planes. For the identification of structures, existing atlases of the developing rat brain (Sherwood and Timiras, 1970; Paxinos et al., 1990), the adult mouse (Sidman et al., 1971) and rat brain (König and Klippel, 1963; Pellegrino et al., 1979; Paxinos and Watson, 1986), and the available literature on the developing rodent brain were consulted. Time of origin data for brain structures has been summarized for the mouse by Rodier, 1980, and Gardette et al., 1982, and for the rat by Bayer and Altman, 1987. Books on mouse development that include information on the brain (Rugh, 1968; Theiler, 1972, 1983) and texts of human embryology (Moore, 1988; Langman, 1984; Tuchmann-Duplessis and Haegel, 1982) were used in the detailed identification of individual structures in the atlas figures, as were numerous developmental studies dealing with specific brain regions or structures as follows: **forebrain** (mouse: Smart and McSherry, 1982; Smart, 1983, 1984, 1985; rat: Bayer, 1985; Marchand et al., 1986; hamster: Donkelaar and Dederen, 1979; Lammers et al., 1980); **olfactory structures** (mouse: Hinds, 1968a, 1968b, 1972; Creps, 1974a); **striatal structures** (mouse: Smart and Sturrock, 1979; rat: Heimer and van Hoesen, 1979; Ribak and Fallon, 1982; mouse and rat: Fentress et al., 1981); **septal and preoptic areas** (mouse: Creps, 1974b; rat: Bayer, 1979a, 1979b, 1985; Swanson, 1977); **hippocampal structures** (Angevine, 1975; mouse: Smart, 1982); **cortical structures** (Boulder Committee, 1970; mouse: Shoukimas and Hinds, 1978; Caviness et al., 1981; Smart and McSherry, 1982; McConnell, 1983; Smart, 1983, 1984, 1985); **corpus callosum** (mouse: Wahlsten, 1981, 1984; Hankin and Silver, 1988; Hankin et al., 1988; rat: Valentino and Jones, 1982; placental mammals: Katz et al., 1983); **diencephalon** (mouse: Angevine, 1970; Shimada and Nakamura, 1973; rat: Coggeshall, 1964; Ifft, 1972; Altman and Bayer, 1978, 1979; hamster: Keyser, 1972, 1979; mammals: Keyser, 1979); **colliculi** (mouse: Mustari et al., 1979; Edwards et al., 1986); **cranial nerve ganglia** (rat: Forbes and Welt, 1981; Altman and Bayer, 1982); cerebellum (mouse: Miale and Sidman, 1961; rat: Altman and Bayer, 1985); and **brain stem** (mouse: Taber Pierce, 1966, 1967, 1973; Goffinet, 1983; rat: Nornes and Morita, 1979; Altman and Bayer, 1980a, 1980b). Papers on the development of neurotransmitter systems were also consulted (Olson and Seiger, 1972; Seiger and Olson, 1973; Lauder and Bloom, 1974; Specht et al., 1981a, 1981b; Lidov and Molliver, 1982; Wallace and Lauder, 1983; Foster et al., 1985; Jaeger, 1986; Lauder et al., 1986; Schambra, 1988; Schambra et al., 1989).

While the authors have, after consulting these studies, made every effort to accurately identify all brain structures present at each age, such an endeavor is unlikely to be flawless. The authors invite comments on the first edition from users of the atlas so that any errors can be corrected in subsequent editions.

This atlas has been published in abbreviated form (Schambra et al., 1991).

METHODS

C57Bl/6J mice (The Jackson Laboratories), an inbred mouse strain, were chosen for the preparation of this atlas, because of their relative genetic uniformity and their wide use in experimental studies. Ten- to 20-week-old females and males were placed in cages in a 2:1 female-to-male ratio for 1 hr (from 9 to 10 AM each day) for timed mating. The presence of a copulation plug was considered as gestational day 0 (GD 0). At the time of sacrifice (10 AM) on GD 12, 14, 16, or 18, pregnant dams were anesthetized with an intraperitoneal injection of chloral hydrate (350 mg/kg body weight). Embryos or fetuses were removed from the uterus, and their crown–rump length (CRL) recorded. Specimens of average CRL were chosen as follows: GD 12, 8 mm; GD 14, 12 mm; GD 16, 15 mm; and GD 18, 21 mm. GD 12 embryos were immersed in Bouin's fixative for 24 hrs, then rinsed in 70% ethanol for 1 week. GD 14 embryos and GD 16 and GD 18 fetuses were perfused transcardially at room temperature, first with 5 ml of 0.01 M phosphate buffered saline (PBS), and then for 5 to 10 min (depending on size) with 4% paraformaldehyde in PBS using a Masterflex pump (flow rate 0.1 ml/min to 0.5 ml/min). Following perfusion, whole heads (GD 14) or brains (GD 16, GD 18) were immersed overnight in the same fixative at 4°C, then washed for two days in several changes of PBS.

Tissues were dehydrated in an ascending series of ethanols and toluene and embedded in Paraplast. Specimens with similar CRL and weights were selected, and coronal, horizontal, and sagittal sections were cut at 10 μm with a rotary microtome. Tissue sections were then deparaffinized in toluene and rehydrated through a descending series of ethanols, followed by staining with Harris' hematoxylin and eosin.

Selected sections were photographed using Kodak Tri-X film and printed on Kodak Polycontrast III RC paper. Final magnifications were as follows: GD 12 sagittal (41x), horizontal (59x), coronal (59x); GD 14 sagittal (43x); horizontal (31x), coronal (67x); GD 16 sagittal (34x), horizontal (23x), coronal (43x); GD 18 sagittal (31x), horizontal (34x), coronal (33x). Line drawings were made by tracing the photomicrographs and in turn tracing these rough drawings using an Adobe Illustrator computer graphics system. Sections illustrated in this atlas were chosen to represent structures of interest, rather than representing a strict stereotactic series. The location of each brain section is shown on a line drawing preceding each group of atlas figures in a given plane.

REFERENCES

Altman, J., and S. A. Bayer. (1978). Development of the diencephalon in the rat. II. Correlation of the embryonic development of the hypothalamus with the time of origin of its neurons. *J. Comp. Neurol.* **182,** 973–994.

Altman, J., and S. A. Bayer. (1979). Development of the diencephalon in the rat. VI. Re-evaluation of the embryonic development of the thalamus on the basis of thymidine-radiographic datings. *J. Comp. Neurol.* **188,** 501–524.

Altman, J., and S. A. Bayer. (1980a). Development of the brain stem in the rat. I. Thymidine-radiographic study of the time of origin of neurons of the lower medulla. *J. Comp. Neurol.* **194,** 1–35.

Altman, J., and S. A. Bayer. (1980b). Development of the brain stem in the rat. II. Thymidine-radiographic study of the time of origin of neurons of the upper medulla, excluding the vestibular and auditory nuclei. *J. Comp. Neurol.* **194,** 37–56.

Altman, J., and S. A. Bayer. (1982). Development of the cranial nerve ganglia and related nuclei in the rat. *In* "Advances in Anatomy Embryology and Cell Biology" (F. Beck, W. Hild, J. van Limborgh, R. Ortmann, J. E. Pauly, and T. H. Schiebler, eds.), Vol. 74, pp. 1–87.

Altman, J., and S. A. Bayer. (1985). Embryonic development of the rat cerebellum. I. Delineation of the cerebellar primordium and early cell movements. *J. Comp. Neurol.* **231,** 1–26.

Angevine, J. B., Jr. (1970). Time of origin in the diencephalon of the mouse. An autoradiographic study. *J. Comp. Neurol.* **139,** 129–188.

Angevine, J. B., Jr. (1975). Development of the hippocampal region. *In* "The Hippocampus. Structure and Development" (R. L. Isaacson and C. H. Pribram, eds.), Vol. 1, pp. 61–94. Plenum, New York.

Bayer, S. A. (1979a). The development of the septal region in the rat. I. Neurogenesis examined with ³H-thymidine autoradiography. *J. Comp. Neurol.* **183,** 89–106.

Bayer, S. A. (1979b). The development of the septal region in the rat. II. Morphogenesis in normal and X-irradiated embryos. *J. Comp. Neurol.* **183,** 107–120.

Bayer, S. A. (1985). Neurogenesis of the magnocellular basal telencephalic nuclei in the rat. *Int. J. Devl. Neuroscience.* **3,** 229–243.

Bayer, S. A., and J. Altman. (1987). Directions in neurogenetic gradients and patterns of anatomical connections in the telencephalon. *Progr. Neurobiol.* **29,** 57–106.

Boulder Committee. (1970). Embryonic Vertebrate Central Nervous System: Revised Terminology. *Anat. Rec.* **166,** 257–262.

Caviness, V. S., Jr., M. C. Pinto-Lord, and P. Evrard. (1981). The development of laminated pattern in the mammalian neocortex. In "Morphogenesis and Pattern Formation" (T. G. Connelly et al., eds.), pp. 103–125. Raven, New York.

Coggeshall, R. E. (1964). A study of diencephalic development in the albino rat. *J. Comp. Neurol.* **122,** 241–269.

Creps, E. S. (1974a). Time of neuron origin in the anterior olfactory nucleus and nucleus of the lateral olfactory tract of the mouse: An autoradiographic study. *J. Comp. Neurol.* **157,** 139–160.

Creps, E. S. (1974b). Time of neuron origin in preoptic and septal areas of the mouse: An autoradiographic study. *J. Comp. Neurol.* **157,** 161–244.

Donkelaar, H. J. ten, and P. J. W. Dederen. (1979). Neurogenesis in the basal forebrain of the Chinese Hamster (Cricetulus griseus). I. Time of neuron origin. *Anat. Embryol.* **156,** 331–348.

Edwards, M. A., V. S. Caviness, Jr., and G. E. Schneider. (1986). Development of cell and fiber lamination in the mouse superior colliculus. *J. Comp. Neurol.* **248,** 395–409.

Fentress, J. C., B. B. Stanfield, and W. M. Cowan. (1981). Observations on the development of the striatum of mice and rats. *Anat. Embryol.* **163,** 275–298.

Forbes, D. J., and C. Welt. (1981). Neurogenesis in the trigeminal ganglion of the albino rat: A quantitative autoradiographic study. *J. Comp. Neurol.* **199,** 133–147.

Foster, G. A., M. Schultzberg, M. Goldstein, and T. Hökfelt. (1985). Ontogeny of phenylethanolamine N-methyltransferase- and tyrosine hydroxylase-like immunoreactivity in presumptive adrenaline neurones of the foetal rat central nervous system. *J. Comp. Neurol.* **236,** 348–381.

Gardette, R., M. Courtois, and J.-C. Bisconte. (1982). Prenatal development of mouse central nervous structures: Time of neuron origin and gradients of neuronal production. A radioautographic study. *J. Hirnf.* **23,** 415–431.

Goffinet, A. M. (1983). The embryonic development of the inferior olivary complex in normal and reeler (rl-ORL) mutant mice. *J. Comp. Neurol.* **219,** 10–24.

Hankin, M. H., and J. Silver. (1988). Development of intersecting CNS fiber tracts, the corpus callosum and its perforating fiber pathway. *J. Comp. Neurol.* **272,** 177–190.

Hankin, M. H., B. F. Schneider, and J. Silver. (1988). Death of the subcallosal glial sling is correlated with formation of the cavum septum pellucidi. *J. Comp. Neurol.* **272,** 191–202.

Heimer, L., and G. van Hoesen. (1979). Ventral striatum. In "The Neostriatum" (I. Divac and R. G. Öberg, eds.), pp. 147–158. Pergamon, New York.

Hinds, J. W. (1968a). Autoradiographic study of histogenesis in the mouse olfactory bulb. I. Time of origin of neurons and neuroglia. *J. Comp. Neurol.* **134,** 287–304.

Hinds, J. W. (1968b). Autoradiographic study of histogenesis in the mouse olfactory bulb. II. Cell proliferation and migration. *J. Comp. Neurol.* **134,** 305–322.

Hinds, J. W. (1972). Early neuron differentiation in the mouse olfactory bulb. I. Light microscopy. *J. Comp. Neurol.* **146,** 233–252.

Ifft, J. D. (1972). An autoradiographic study of the time of final division of neurons in rat hypothalamic nuclei. *J. Comp. Neurol.* **144,** 193–204.

Jaeger, C. B. (1986). Aromatic L-amino acid decarboxylase in the rat brain: Immunocytochemical localization during prenatal development. *Neuroscience* **18,** 121–150.

Katz, M. J., R. J. Lasek, and J. Silver. (1983). Ontophyletics of the nervous system: Development of the corpus callosum and evolution of axon tracts. *Proc. Natl. Acad. Sci. USA* **80**, 5936–5940.

Keyser, A. (1972). "The Development of the Diencephalon of the Chinese Hamster." Schippers, Nijmegen.

Keyser, A. (1979). Development of the hypothalamus in mammals. An investigation into its morphological position during ontogenesis. In "Anatomy of the Hypothalamus." (P. J. Morgane and J. Panksepp, eds.), Vol. 1, pp. 65–136. Dekker, New York.

König, J. F. R., and R. A. Klippel. (1963). "The Rat Brain. A Stereotaxic Atlas of the Forebrain and Lower Parts of the Brain Stem." Williams and Wilkins, Baltimore.

Lammers, G. J., A. A. M. Gribnau, and H. J. ten Donkelaar. (1980). Neurogenesis in the basal forebrain in the Chinese Hamster (*Cricetulus griseus*). II. Site of neuron origin: Morphogenesis of the ventricular ridges. *Anat. Embryol.* **158**, 193–211.

Langman's Medical Embryology, Fifth Edition. (1985). (T. W. Sadler, ed) Williams and Wilkins, Baltimore.

Lauder, J. M., and F. E. Bloom. (1974). Ontogeny of monoamine neurons in the locus coeruleus, raphe nuclei, and substantia nigra of the rat. I. Cell differentiation. *J. Comp. Neurol.* **155**, 469–482.

Lauder, J. M., V. K. M. Han, P. Henderson. T. Verdoorn, and A. C. Towle. (1986). Prenatal ontogeny of the GABAergic system in the rat brain: An immunocytochemical study. *Neuroscience* **19**, 465–493.

Lidov, H. G. W., and M. E. Molliver. (1982). Immunohistochemical study of the development of serotonergic neurons in the rat CNS. *Brain Res. Bull.* **9**, 559–604.

Marchand, R., L. Lajoie, and C. Blanchet. (1986). Histogenesis at the level of the basal forebrain: The entopeduncular nucleus. *Neuroscience* **17**, 591–607.

McConnell, J. A. (1983). Time of neuron origin in the amygdaloid complex of the mouse. *Brain Res.* **272**, 150–156.

Miale, I. L., and R. L. Sidman. (1961). An autoradiographic analysis of histogenesis in the mouse cerebellum. *Exp. Neurol.* **4**, 277–296.

Moore, K. L. (1988). "The Developing Human. Clinically Oriented Embryology," 4th Ed., Saunders, Philadelphia.

Mustari, M. J., R. D. Lund, and K. Graubard. (1979). Histogenesis of the superior colliculus of the albino rat: A tritiated thymidine study. *Brain Res.* **164**, 39–52.

Nornes, H. O., and M. Morita. (1979). Time of origin of the neurons in the caudal brain stem of rat. *Devl. Neurosci.* **2**, 101–114.

Olsen, L., and Å. Seiger. (1972). Early prenatal ontogeny of central monoamine neurons in the rat: Fluorescence histochemical observations. *Z. Anat. EntwGesch.* **137**, 301–316.

Paxinos, G., and C. Watson. (1986). "The Rat Brain in Stereotaxic Coordinates," 2nd Ed. Academic Press, San Diego.

Paxinos, G., I. Tork, L. H. Tecott, K. L. Valentino, and A. L. R. Fritchle. (1990). "Atlas of the Developing Rat Brain." Academic Press, San Diego.

Pellegrino, L. J., A. S. Pellegrino, and A. J. Cushman. (1979). "A Stereotaxic Atlas of the Rat Brain." Plenum, New York.

Ribak, C. E., and J. H. Fallow. (1982). The Islands of Calleja Complex of the basal forebrain in the rat. I. Light and electron microscopic observations. *J. Comp. Neurol.* **205**, 207–218.

Rodier, P. M. (1980). Chronology of neuron development: Animal studies and their clinical implications. *Develop. Med. Child Neurol.* **22**, 525–545.

Rugh, R. (1968). "The Mouse: Its Reproduction and Development." Burgess, Minneapolis.

Schambra, U. B. (1988). Normal and abnormal development of the mouse brain. Ph.D. diss. University of North Carolina at Chapel Hill.

Schambra, U. B., K. K. Sulik, P. Petrusz, and J. M. Lauder. (1989). Ontogeny of cholinergic neurons in the mouse forebrain. *J. Comp. Neurol.* **288**, 101–122.

Schambra, U. B., J. Silver, and J. M. Lauder. (1991). An atlas of the prenatal mouse brain: Gestational day 14. *Exp. Neurol.* **114** (in press).

Seiger, Å., and L. Olson. (1973). Late prenatal ontogeny of central monoamine neurons in the rat: Fluorescence histochemical observations. *Z. Anat. Entwickl.-Gesch.* **140**, 281–318.

Sherwood, N. M., and P. S. Timiras. (1970). "A Stereotaxic Atlas of the Developing Rat Brain." Univ. of Cal., Berkeley.

Shimada, M., and T. Nakamura. (1973). Time of neuron origin in mouse hypothalamic nuclei. *Exp. Neurol.* **41**, 163–173.

Shoukimas, G. M., and J. W. Hinds. (1978). The development of the cerebral cortex in the embryonic mouse: An electron microscopic serial section analysis. *J. Comp. Neurol.* **179**, 795–830.

Sidman, R. L., J. B. Angevine, Jr., and E. Taber Pierce. (1971). "Atlas of the Mouse Brain and Spinal Cord." Harvard Univ., Cambridge, Mass.

Smart, I. H. M. (1982). Radial unit analysis of hippocampal histogenesis in the mouse. *J. Anat.* **135**, 763–793.

Smart, I. H. M. (1983). Three dimensional growth of the mouse isocortex. *J. Anat.* **137**, 683–694.

Smart, I. H. M. (1984). Histogenesis of the mesocartical area of the mouse telencephalon. *J. Anat.* **138**, 537–552.

Smart, I. H. M. (1985). Differential growth of the cell production systems in the lateral wall of the developing mouse telencephalon. *J. Anat.* **141**, 219–229.

Smart, I. H. M., and G. M. McSherry. (1982). Growth patterns in the lateral wall of the mouse telencephalon. II. Histological changes during and subsequent to the period of isocortical neuron production. *J. Anat.* **134**, 415–442.

Smart, I. H. M., and R. R. Sturrock. (1979). Ontogeny of the neostriatum. In "The Neostriatum" (I. Divac and R. G. E. Öberg, eds.), pp. 127–146. Pergamon, New York.

Specht, L. A., V. M. Pickel, T. H. Joh, and D. J. Reis. (1981a). Light-microscopic immunocytochemical localization of tyrosine hydroxylase in prenatal rat brain. I. Early ontogeny. *J. Comp. Neurol.* **199**, 233–253.

Specht, L. A., V. M. Pickel, T. H. Joh, and D. J. Reis. (1981b). Light-microscopic immunocytochemical localization of tyrosine hydroxylase in prenatal rat brain. II. Late ontogeny. *J. Comp. Neurol.* **199**, 255–276.

Swanson, L. W. (1977). The anatomical organization of septohippocampal projections. In "Function of the Septohippocampal System" (L. Weiskrantz and J. Gray, eds.), pp. 25–43. Elsevier, New York.

Taber Pierce, E. (1966). Histogenesis of the nuclei griseum pontis, corporis pontobulbaris and reticularis tegmenti pontis (Bechterew) in the mouse. *J. Comp. Neurol.* **126**, 219–240.

Taber Pierce, E. (1967). Histogenesis of the dorsal and ventral cochlear nuclei in the mouse. An autoradiographic study. *J. Comp. Neurol.* **131**, 27–54.

Taber Pierce, E. (1973). Time of origin in the brain stem of the mouse. *Prog. Brain Res.* **40**, 53–65.

Theiler, K. (1972). "The House Mouse. Development and Normal Stages from Fertilization to 4 weeks of age." Springer Verlag, Berlin.

Theiler, K. (1983). Embryology. In "The Mouse in Biomedical Research" (H. L. Foster, J. D. Small, and J. G. Fox, eds.), Vol. 3, pp. 121–135. Academic Press, New York.

Tuchmann-Duplessis, H., and P. Haegel. (1982). "Illustrated Human Embryology. Vol. 2. Organogenesis." Masson, Paris, France.

Valentino, K. L., and E. G. Jones. (1982). The early formation of the corpus callosum: A light and electron microscopic study in foetal and neonatal rats. *J. Neurocytol.* **11,** 583–609.

Wahlsten, D. (1981). Prenatal schedule of appearance of mouse brain commissures. *Devl. Brain Res.* **1,** 461–473.

Wahlsten, D. (1984). Growth of the mouse corpus callosum. *Devl. Brain Res.* **15,** 59–67.

Wallace, J. A., and J. M. Lauder. (1983). Development of the serotonergic system in the rat embryo: An immunocytochemical study. *Brain Res. Bull.* **10,** 459–479.

LIST OF ABBREVIATIONS

A, a

A	Alveus	154, 180, 246, 254, 288, 308, 310, 314
a	Accumbens nucleus	134, 148, 150, 154, 174, 178, 186, 250, 254, 258, 272, 274, 276, 278, 280, 320, 322, 324, 326
A4-7	Noradrenergic nuclear complex	2, 16, 66, 68
A5	Noradrenergic nucleus	110
A6	Locus coeruleus (lc)	18, 44, 64, 114, 116, 136, 156, 166, 224, 252, 254, 314
A9	Substantia nigra (sn)	76, 78, 84, 108, 110, 112, 132, 134, 154, 156, 162, 164, 166, 202, 204, 206, 208, 226, 228, 230, 232, 236, 254, 256, 296, 316, 318, 320
A10	Ventral tegmental nucleus (vtg)	80, 82, 108, 110, 112, 132, 134, 158, 166, 168, 206, 208, 226, 228, 230, 260, 262, 296, 316, 318
A9-10	Dopaminergic nuclear complex	6, 8, 10, 14, 16, 40, 58, 60, 132, 134, 166
AA	Amygdaloid area	60, 62, 104, 134, 148, 194, 196, 200, 202, 236
AAA	Anterior amygdaloid area	32, 100, 102, 186, 188, 190, 192, 282, 286, 288
abl	Basal lateral amygdaloid nucleus	146, 194, 196, 198, 240, 244, 246, 248, 288, 290, 292, 294, 326
abm	Basal medial amygdaloid nucleus	194, 198, 240, 288, 290, 292, 324
AC	Anterior commissure	74, 76, 78, 86, 92, 94, 96, 154, 158, 162, 166, 244
AC,a	Anterior commissure, anterior part	148, 150, 176, 178, 180, 182, 184, 186, 188, 190, 252, 256, 274, 276, 278, 280, 284, 322
AC,p	Anterior commissure, posterior part	74, 146, 148, 150, 152, 156, 160, 164, 168, 188, 190, 246, 248, 250, 252, 254, 256, 258, 260, 262, 282, 284, 286, 318, 322
ac	Central amygdaloid nucleus	194, 238, 240, 246, 248, 288, 290, 292
AC1-3	Noradrenergic/adrenergic nuclear complex	2, 16, 46, 48, 70, 118, 120
ACE	Anterior chamber of eye	100
aco	Cortical amygdaloid nucleus	240, 246, 248, 290, 294, 326
ACOB	Accessory olfactory bulb	172, 254, 256, 266, 320, 326
acol	Accessory olivary nucleus	120
ACV	Anterior cardinal vein	26, 28, 30, 34
adt	Anterior dorsal thalamic nucleus	226, 256, 258, 286, 310, 312, 314
AH	Anterior hypothalamic area	154, 192, 288
ah	Anterior hypothalamic nucleus	100, 156, 162, 194, 260, 290
al	Lateral amygdaloid nucleus	146, 196, 238, 290, 292, 324
am	Medial amygdaloid nucleus	198, 290, 292, 294, 322, 326
amb	Ambiguus nucleus	46, 118
amt	Anterior medial thalamic nucleus	154, 166, 168, 192, 194, 232, 236, 238, 258, 260, 262, 286, 288, 318
ao	Anterior olfactory nucleus	162, 168
aod	Anterior olfactory nucleus, dorsal part	270
aoe	Anterior olfactory nucleus, external part	256, 326
aol	Anterior olfactory nucleus, lateral part	148, 150, 250, 258, 270, 272, 322, 324, 326
aom	Anterior olfactory nucleus, medial part	254, 256, 270, 272, 320, 322, 324, 326
aop	Anterior olfactory nucleus, posterior part	252, 322, 326
aov	Anterior olfactory nucleus, ventral part	152
AP	Area postrema	260
apre	Anterior pretectal nucleus	252
AQ	Aqueduct of Sylvius	2, 4, 6, 8, 10, 12, 14, 16, 18, 40, 42, 44, 46, 48, 54, 56, 58, 60, 62, 64, 74, 76, 78, 80, 82, 106, 108, 110, 112, 114, 116, 118, 124, 126, 128, 130, 132, 134, 136, 160, 162, 164, 166, 168, 200, 202, 204, 206, 208, 212, 216, 218, 220, 222, 224, 260, 294, 296, 298, 300, 302, 304, 306, 308, 310, 312
arc	Arcuate nucleus	104, 154, 158, 160, 196, 198, 258, 294, 326
avt	Anterior ventral thalamic nucleus	152, 254, 256, 316

B, b

B1	Serotonergic nucleus—raphe pallidus (rp)	76, 78, 80, 118, 120, 142, 166, 168, 258
B1-2	Serotonergic nuclear complex	76
B2	Serotonergic nucleus—raphe obscurus (ro)	76, 78, 80, 114, 116, 140, 160, 168, 258, 300, 302
B3	Serotonergic nucleus—raphe magnus (rm)	76, 78, 80, 82, 110, 138, 162, 166, 212, 252, 256, 298, 300, 302, 324, 326
B4-9	Serotonergic nuclear complex	6, 8, 10, 14, 44, 62, 64, 66, 68, 76, 78, 82, 136, 156, 158, 162
B5	Serotonergic nucleus—raphe pontis (rpn)	258, 260, 262, 298
B7	Serotonergic nucleus—raphe dorsalis (rd)	14, 112, 114, 132, 134, 136, 166, 168, 202, 210, 212, 222, 226, 228, 230, 232, 254, 258, 260, 262, 298, 300, 308, 310, 312, 314, 316
B8	Serotonergic nucleus—raphe medianus (rmd)	14, 112, 136, 210, 212, 234, 236, 238, 254, 258, 260, 298, 300, 312, 318
B9	Serotonergic nucleus	14, 112, 136, 210, 212, 258, 260, 262
BA	Basilar artery	6, 8, 110, 112, 118, 296

xvii

BC	Basicranium 76, 78, 94, 96, 98, 100, 102, 104, 106, 108, 110		**CI**	Cingulum (cingulate bundle) 146, 148, 150, 174, 176, 178, 180, 182, 184, 188, 244, 246, 248, 254, 270, 272, 274, 278, 280, 282, 286
BCS	Blood cells 28, 30		**CIn**	Insular (rhinal) cortex 94, 174, 176, 178, 180, 270, 272, 274, 276, 278
BIC	Brachium inferior colliculus 156, 158, 162, 166, 208, 210, 216, 218, 254, 256, 258, 296, 298, 300, 306, 308, 310, 312		**CIr**	Infralimbic cortex 174, 178, 272, 274
bm	Basal magnocellular nucleus (of Meynert; preoptic) 284, 286		**cl**	Claustrum 92, 94, 146, 174, 176, 178, 180, 182, 184, 186, 188, 190, 194, 234, 244, 246, 248, 270, 272, 274, 276, 278, 280, 282, 284, 286, 288
BSC	Brachium of superior colliculus 154, 156, 158, 160, 162, 164, 166, 198, 200, 202, 204, 206, 208, 210, 250, 252, 254, 256, 258, 260, 292, 294, 308		**CLo**	Lateral orbital cortex 268
			CMo	Medial orbital cortex 268
bstt	Bed nucleus of stria terminalis 286, 320, 322		**cmt**	Centromedian thalamic nucleus 154, 156, 158, 160, 162, 164, 196, 232, 258, 260, 262, 290, 292, 314, 316
bstt,d	Bed nucleus of stria terminalis, dorsal part 188, 190		**co**	Cochlear nucleus 248
bstt,l	Bed nucleus of stria terminalis, lateral part 256, 282, 284		**COc**	Occipital cortex 36, 54, 56, 76, 78, 80, 82, 86, 124, 126, 128, 248, 294, 306, 314
bstt,m	Bed nucleus of stria terminalis, medial part 258, 262, 282, 284		**cod**	Dorsal cochlear nucleus 44, 46, 116, 140, 212, 230, 232, 250, 300, 302, 316
bstt,v	Bed nucleus of stria terminalis, ventral part 188, 190, 262, 282, 284		**COR**	Cornea 98, 100
			cov	Ventral cochlear nucleus 210, 212, 234, 236, 238, 302, 314, 318, 320, 322
C, c			**CP**	Cortical plate 74, 76, 78, 90, 92, 94, 124, 126, 146, 148, 150, 152, 154, 160, 162, 166, 216, 218, 220, 222, 224, 226, 228, 230, 232, 234, 238, 268, 278
C	Cortex		**cp**	Caudate-putamen 74, 76, 146, 148, 150, 152, 168, 176, 178, 180, 182, 186, 188, 190, 192, 194, 196, 230, 232, 234, 236, 238, 240, 244, 246, 248, 250, 252, 254, 256, 260, 274, 276, 278, 280, 282, 284, 286, 288, 290, 292, 314, 316, 320, 322, 324
CA1	Hippocampal region 290, 314			
CA2	Hippocampal region 290			
CA3	Hippocampal region 290, 312			
CA4	Hippocampal region 290			
Cb	Cerebellum 2, 4, 6, 8, 10, 12, 14, 16, 18, 44, 46, 48, 62, 64, 66, 68, 74, 76, 78, 80, 82, 84, 114, 116, 118, 136, 140, 148, 150, 152, 154, 160, 162, 164, 168, 222, 228, 230, 244, 246, 248, 250, 252, 254, 256, 260, 262, 300, 302, 308, 310, 312, 314		**CPA**	Caudato-pallial angle 92, 94, 128, 178, 180, 182, 184, 280, 282, 284
			CPa	Parietal cortex 2, 16, 18, 54, 56, 76, 80, 82, 124, 126, 128, 152, 156, 160, 178, 180, 182, 184, 186, 188, 190, 192, 216, 218, 220, 222, 226, 228, 230, 234, 244, 246, 248, 258, 274, 276, 278, 280, 282, 284, 286, 288, 292, 306, 308
CbP	Cerebellar peduncle 300		**CPam**	Parietal cortex, motor area 284
CC	Corpus callosum 236, 260, 278		**CPd**	Cerebral peduncle 40, 42, 58, 60, 74, 76, 78, 80, 82, 84, 86, 108, 110, 112, 132, 134, 136, 138, 148, 150, 152, 154, 164, 166, 192, 194, 198, 206, 208, 226, 228, 230, 232, 234, 238, 240, 248, 250, 252, 254, 256, 258, 290, 292, 294, 296, 314, 316, 318, 320, 322, 324, 326
CC,G	Corpus callosum, genu 146, 148, 150, 152, 154, 158, 174, 176, 178, 180, 182, 186, 244, 246, 250, 252, 256, 270, 274, 276, 278, 312, 314, 318			
CC,R	Corpus callosum, rostrum 156, 158, 244, 246, 250, 272, 308, 314			
CC,S	Corpus callosum, splenum 148, 150, 152, 154, 158, 244, 246, 260, 262, 282, 290, 292		**CPf**	Pyriform (olfactory) cortex 26, 92, 146, 184, 186, 188, 190, 244, 248, 280, 282, 284, 286, 288, 292, 324
CC,T	Corpus callosum, trunk 148, 150, 152, 154, 158, 188, 190, 194, 244, 246, 250, 256, 258, 262, 280, 282, 284, 286, 288, 310		**CRs**	Retrospinal cortex 124, 190, 194, 288, 292, 306, 308, 310
CCi	Cingulate cortex 24, 92, 94, 100, 174, 176, 178, 180, 182, 184, 192, 194, 270, 272, 274, 276, 278, 280, 282, 284, 290, 292, 308, 310		**CSC**	Commissure of superior colliculus 306
			CST	Corticospinal tract 64, 138, 324
CD	Cochlear duct 74, 82, 84, 86, 140, 142		**CTe**	Temporal (auditory) cortex 32, 34, 106, 200, 202, 204, 206, 292, 324
CEN	Central canal 50, 232, 234, 236, 238, 240, 256			
CEn	Entorhinal cortex 36, 58, 98, 102, 104, 130, 132, 134, 146, 198, 200, 202, 234, 236, 238, 240, 244, 246, 248, 290, 294, 296, 314		**CTg**	Central tegmental tract 208
			cu	Cuneate nucleus 252, 254
CF	Cervical flexure 2, 4, 6, 10, 74, 76			
CFp	Frontopolar cortex 22, 56, 82, 86, 128, 130, 132, 146, 268		**D, d**	
CFr	Frontal cortex 2, 4, 6, 8, 10, 24, 26, 54, 58, 76, 78, 82, 84, 90, 92, 124, 126, 146, 148, 150, 152, 154, 156, 174, 176, 236, 238, 244, 246, 248, 252, 270, 272, 274, 276, 278, 280, 306, 308, 314		**d**	Dentate nucleus of cerebellum 224, 248, 250
			DB	Diagonal band of Broca 78, 152, 166, 168, 182, 184, 252, 256, 260, 276, 278, 280, 316, 318, 320
			DDS	Dorsal diencephalic sulcus 60, 102, 128
CGd	Dorsal central gray 224, 310		**de**	Dorsal endopyriform nucleus 146, 174, 176, 178, 180, 182, 184, 186, 188, 244, 246, 248, 272, 274, 276, 278, 280, 282, 284
ChPl	Choroid plexus 2, 6, 10, 14, 16, 50, 70, 74, 76, 78, 94, 96, 98, 118, 126, 128, 140, 148, 152, 154, 156, 160, 162, 164, 166, 168, 180, 182, 184, 186, 188, 190, 192, 194, 224, 226, 228, 230, 234, 244, 246, 248, 256, 258, 260, 282, 284, 286, 290, 292, 302, 308, 310, 312, 314, 316, 318		**DG**	Dentate gyrus (fascia dentata) 192, 194, 196, 198, 200, 248, 250, 256, 262, 286, 288, 290, 292, 294, 310, 312, 316

DLF	Dorsal longitudinal fasciculus 222, 296, 298, 308		F,VC	Fornix, ventral commissure (ventral hippocampal commissure, ventral psalterium) 150, 160, 162, 182, 184, 260, 262, 282, 284, 314, 320
dlg	Dorsal lateral geniculate body 106, 150, 152, 154, 156, 196, 198, 200, 202, 224, 226, 228, 230, 250, 252, 254, 290, 292, 310, 312		FIM	Fimbria 148, 150, 152, 154, 156, 158, 166, 168, 186, 188, 190, 196, 198, 230, 246, 248, 250, 252, 256, 258, 260, 286, 288, 290, 292, 294, 312, 314, 316
dm	Deep mesencephalic nucleus 296		FP	Floor plate of rhombencephalon 42, 70, 134, 164
dmh	Dorsomedial hypothalamic nucleus 104, 106, 154, 156, 158, 160, 164, 196, 198, 254, 256, 260, 262, 292, 322		FR	Fasciculus retroflexus (habenulo-peduncular tract) 6, 8, 16, 18, 32, 34, 36, 38, 76, 78, 80, 82, 84, 86, 98, 100, 102, 104, 106, 110, 128, 152, 154, 156, 158, 164, 190, 192, 194, 196, 198, 200, 202, 224, 226, 228, 230, 232, 250, 252, 256, 258, 260, 262, 286, 288, 290, 292, 294, 312, 316, 318
dmt	Dorsomedial thalamic nucleus 154, 156, 158, 194, 196, 198, 224, 226, 228, 258, 260, 290, 292, 310, 312			
DP	Decussations of pyramids (pontine decussations) 208, 296			
DPA	Dental papilla (toothbud, toothgerm) 78, 80, 82, 84, 102, 142			
DSCbP	Decussation of superior cerebellar peduncles 204, 210, 262, 296, 298, 318		G, g	
DSS	Dorsal subpallial sulcus 4, 6, 56, 80, 82		g	Globose nucleus of cerebellum 262
DT	Dorsal thalamus 4, 6, 8, 10, 14, 16, 18, 28, 30, 32, 34, 36, 38, 54, 56, 58, 60, 76, 78, 80, 82, 84, 86, 96, 98, 100, 102, 104, 126, 128, 130, 132		GA	Glia 92
			GE	Ganglionic eminence 2, 6, 8, 10, 12, 14, 16, 18, 22, 24, 26, 30, 56, 58, 60, 76, 78, 86, 92, 94, 96, 98, 100, 102, 126, 130, 178, 182, 184, 186, 188
dtg	Dorsal tegmental nucleus 156, 166, 212, 224, 226, 228, 230, 256, 260, 300, 310, 312, 314, 316, 318		GL	Glomerular layer of olfactory bulb 172, 254, 266, 268, 320, 322
			gp	Globus pallidus 74, 94, 96, 98, 100, 132, 146, 148, 150, 180, 182, 184, 186, 188, 190, 192, 232, 234, 236, 238, 244, 246, 248, 250, 276, 278, 280, 282, 284, 286, 288, 318, 320
E, e				
E	Eye 62, 66, 68, 98			
EAM	External auditory meatus 142		GR	Granular layer of olfactory bulb 172, 266, 268
EC	External capsule 128, 130, 132, 146, 180, 182, 184, 186, 188, 190, 192, 196, 234, 236, 238, 240, 248, 274, 276, 278, 280, 282, 284, 286, 288, 292, 314, 318, 320, 322		gr,Cb	Granular layer of cerebellum 248, 250, 258, 260, 262
			gr,DG	Granular layer of dentate gyrus 246, 286, 312, 314, 322
EGL	External granular layer of olfactory bulb 254		grt	Gigantocellular reticular nucleus 236, 252, 322
EGL,Cb	External granular layer of cerebellum 82, 116, 118, 138, 140, 152, 154, 156, 158, 160, 162, 164, 168, 222, 248, 250, 252, 258, 260, 262, 300, 302		GS	Glial sling 180, 272, 274, 280
EL	Eyelid 96, 98, 136, 138		H, h	
EM	Eye Muscle 100, 136		H	Hypothalamus 6, 14, 18, 32, 62, 76, 78, 80, 82, 84, 86
EML	External medullary lamina 86, 102, 104, 152, 154, 156, 168, 192, 194, 196, 198, 230, 232, 234, 252, 254, 256, 258, 262, 286, 288, 290, 292, 294, 314, 316		HA	Habenula 6, 10, 12, 54, 56, 190
			HAC	Habenular commissure 96, 158, 162, 166, 168, 224, 290, 308, 310
EP	Epiphysis (pineal) 26, 84, 166		hal	Lateral habenula 86, 102, 162, 164, 168, 192, 194, 226, 228, 230, 258, 288, 290, 312
ep	Entopeduncular nucleus 92, 98, 100, 106, 196, 286, 290, 292		ham	Medial habenula 84, 102, 126, 128, 166, 192, 226, 228, 230, 232, 262, 286, 288, 290, 308, 310, 312, 314
EPL	External plexiform layer of olfactory bulb 172, 254, 266, 268, 320, 324		HAR	Habenular recess (of third ventricle) 12, 54, 56, 84, 126, 128, 164, 190, 192, 226, 228, 230, 232, 288, 290, 310
EPL, ACOB	External plexiform layer of accessory olfactory bulb 320			
ES	Esophagus 76		HC	Hyoid cartilage 76, 78, 80, 82
ET	Epithalamus 6, 8, 10, 16, 18, 32, 34, 36, 38, 76, 78, 80, 82, 84, 86, 96, 98, 100, 102, 104, 158, 160, 162, 168, 196, 198, 224		hdb	Horizontal nucleus of diagonal band of Broca 92, 94, 152, 154, 156, 160, 162, 164, 166, 176, 178, 180, 182, 184, 186, 188, 190, 254, 260, 262, 276, 278, 280, 282, 284, 286, 324, 326
EUT	Eustachian tube 2, 142		HG	Harderian gland 96
EXC	Extreme capsule 128, 130, 132, 234, 236, 288, 320		HI	Hippocampus 18, 26, 28, 30, 32, 56, 58, 60, 76, 78, 80, 82, 94, 96, 98, 100, 102, 104, 128, 130, 132, 148, 184, 186, 190, 194, 196, 198, 200, 202, 224, 226, 228, 230, 232, 234, 236, 244, 254, 262, 288, 290, 292, 294, 312, 320
F, f				
F	Fornix 76, 92, 94, 148, 152, 164, 186, 188, 196, 204, 236, 246, 248, 256, 276, 292, 294, 316, 318, 320			
f	Fastigial nucleus of cerebellum 224		HI,a	Hippocampus, anterior part 286
F,C	Fornix, column 128, 130, 158, 160, 162, 186, 190, 238, 240, 254, 282, 284, 286, 314, 316, 326		HI,d	Hippocampus, dorsal part 150, 152, 246, 248, 250
			HI,v	Hippocampus, ventral part 150, 246, 248, 250
F,DC	Fornix, dorsal commissure (dorsal hippocampal commissure, dorsal psalterium) 156, 160, 162, 238, 246, 308, 312		HIC	Hippocampal commissure 282
			HIF	Hippocampal fissure 248, 324
			HIF,d	Hippocampal fissure, dorsal part 250

HIL	Hilus of dentate gyrus 248, 312		**ll,d**	Lateral lemniscus nucleus, dorsal part 112, 152, 154, 156, 204, 210, 222, 224, 226, 228, 252, 254, 296, 298, 312
HYC	Hypothalamic commissure 104, 106		**ll,v**	Lateral lemniscus nucleus, ventral part 112, 154, 204, 208, 210, 230, 232, 234, 236, 238, 240, 250, 296, 298, 318, 320, 324

I, i

i	Interpositus nucleus of cerebellum 224, 254, 256, 312, 314
IC	Internal capsule 74, 84, 86, 92, 94, 96, 98, 100, 102, 130, 132, 146, 148, 150, 154, 190, 192, 194, 196, 198, 200, 234, 236, 238, 240, 244, 246, 248, 250, 252, 262, 282, 284, 286, 287, 288, 290, 292, 312, 314, 316, 318, 320, 324
ic	Inferior (posterior) colliculus 158, 160, 162, 164, 210, 212, 218, 220, 222, 250, 252, 254, 256, 258, 260, 262, 298, 300, 302, 306, 308, 310
ICbP	Inferior cerebellar peduncle 116, 140, 250, 302
ICj	Islands of Calleja 174, 176, 274
IF	Infundibulum 68, 106, 108, 140, 158, 160, 256, 258, 294
IG	Indusium griseum 180, 182, 184, 278, 280
IGL	Internal granular layer of olfactory bulb 254
IH	Inferior horn 16
IML	Internal medullary lamina 254
IN	Internal carotid artery 4, 102
io	Inferior olive 82, 116, 252, 254, 256, 258
IP	Infundibular pocket 10
ip	Interpeduncular nucleus 156, 258, 260, 262, 296, 320
ipc	Interstitial nucleus of posterior commissure 306, 312
IPL	Internal plexiform layer of olfactory bulb 172, 254, 266, 268, 320, 324
IR	Infundibular recess 66, 68, 108, 140, 158, 240, 258, 294
ISC	Isthmal canal 116
ISS	Intermediate subpallial sulcus 4, 6, 28, 58, 60, 80, 82, 94, 128, 130, 132
IVF	Interventricular foramen of Monroe 8, 10, 26, 28, 30, 58, 60, 94, 96, 132, 160, 188, 236, 238, 240, 314, 316, 318
IZ	Intermediate zone 76, 78, 82, 90, 92, 94, 96, 124, 126, 130, 278

L, l

L	Lens of eye 64, 96, 98
lc	Locus coeruleus (A6) 18, 44, 64, 114, 116, 136, 156, 166, 224, 252, 254, 314
lcb	Lateral cerebellar nucleus 116
LCF	Longitudinal cerebral fissure (interhemispheric fissure) 24, 54, 90, 92, 124, 126, 174, 178, 180, 188, 268, 270, 272, 276, 280, 284, 286, 288, 306, 324, 326
ldt	Lateral dorsal thalamic nucleus 152, 194, 196, 252, 254, 256, 258, 288, 290, 292, 310, 312
LE	Lens epithelium 34, 64, 96, 98, 100, 136
LEL	Lower eyelid 100
LF	Lens fibers 34, 100, 136
lg	Lateral geniculate body 104, 110
LGE	Lateral ganglionic eminence (lateral ventricular elevation) 28, 58, 60, 80, 82, 94, 128, 130, 132
LH	Lateral hypothalamic area 166, 192, 194, 202, 288, 290, 292, 324
lh	Lateral hypothalamic nucleus 196
LL	Lateral lemniscus 112, 114, 134, 152, 208, 210, 222, 236, 250, 296, 298, 316, 320, 322, 324
LLP	Lower lip 142
lmo	Lateral nucleus of medulla oblongata 326
LNPr	Lateral nasal prominence 66, 68
lo	Nucleus of lateral olfactory tract 288
LOT	Lateral olfactory tract 74, 76, 84, 86, 90, 92, 94, 132, 134, 146, 148, 164, 168, 174, 176, 178, 180, 182, 184, 186, 188, 190, 244, 246, 248, 250, 254, 256, 266, 268, 270, 272, 274, 276, 278, 280, 282, 284, 322, 324, 326
LPnF	Longitudinal pontine fibers (longitudinal fasciculus of pons) 110, 230, 234, 236, 254, 296
lpo	Lateral preoptic nucleus 152, 190, 198, 254, 282, 284
LPOA	Lateral preoptic area 134, 150, 152, 164, 166, 188, 190, 250, 252, 286
lpt	Lateral posterior thalamic nucleus 198, 222, 258, 292, 308
lrt	Lateral reticular nucleus 250, 252
ls	Lateral septal nucleus 152, 164, 178, 180, 182, 184, 186, 254, 276, 278, 282, 284, 314, 316, 318, 320
ls,d	Lateral septal nucleus, dorsal part 280
ls,i	Lateral septal nucleus, intermediate part 280
ls,v	Lateral septal nucleus, ventral part 280
LT	Lamina terminalis 26
LT,d	Lamina terminalis, dorsal part 94
lt	Lateral thalamic nucleus 222, 224, 308, 314, 316
ltg	Lateral tegmental nucleus 108, 128, 154, 210, 252
LV	Lateral ventricle 2, 4, 6, 8, 10, 14, 18, 22, 24, 26, 28, 30, 32, 34, 60, 62, 80, 82, 84, 86, 90, 92, 94, 96, 98, 102, 106, 124, 146, 148, 150, 154, 160, 164, 166, 168, 174, 176, 178, 180, 182, 184, 186, 188, 190, 192, 194, 196, 220, 222, 244, 246, 250, 252, 256, 258, 260, 262, 272, 274, 276, 278, 280, 282, 284, 286, 306, 308, 310, 314, 320, 322
LV,AH	Lateral ventricle, anterior horn 54, 56, 58, 60, 78, 80, 90, 126, 128, 130, 132, 174, 176, 224, 226, 228, 230, 232, 234, 236, 238, 240, 258, 272, 274, 312, 314, 316, 318, 320, 322
LV,IH	Lateral ventricle, inferior horn 14, 16, 74, 80
LV,PH	Lateral ventricle, posterior horn 36, 54, 56, 58, 60, 74, 126, 128, 130, 132, 134, 148, 150, 198, 200, 230, 232, 234, 236, 238, 290, 312, 314, 316, 318, 320
lvb	Lateral vestibular nucleus 302
LVS	Lens vesicle 32, 34

M, m

MA	Mammillary area 6, 8, 10, 12, 14, 38, 62, 76, 80, 82, 84, 108, 134, 136, 138, 152, 158, 166, 168,
mac	Medial accessory nucleus 314
MaPr	Mandibular process 2, 4, 6, 8, 10, 12, 14, 16, 22, 32, 34, 36, 38, 68, 70
mb	Mammillary body 154, 156, 160, 162, 164, 206, 232, 234, 236, 238, 252, 254, 256, 258, 260, 262
MC	Meckel's cartilage 2, 4, 12, 14, 16, 38, 70, 74, 76, 78, 80, 84, 86, 142
MCbP	Middle cerebellar peduncle (brachium pontis) 76, 114, 116, 224, 234, 246, 248, 250, 254, 256, 300, 314, 316
MCL	Mitral cell layer of olfactory bulb 172, 254, 266, 268, 320, 322, 324, 326

xx

MCL, ACOB	Mitral cell layer of accessory olfactory bulb 324, 326	**N, n**	
mdt	Mediodorsal thalamic nucleus 312	nac	Nucleus of anterior commissure 188, 256, 282, 284, 320
ME	Medulla 2, 4, 6, 8, 10, 12, 14, 18, 44, 50, 70, 78, 80, 82, 140, 142, 230, 232, 234, 236, 238, 240, 300, 302, 316, 318	NC	Nasal cavity 2, 4, 6, 12, 14, 16, 24, 26, 28, 30, 66, 68, 82, 86, 90, 92, 94, 96, 98, 134, 136, 138
MEM	Median eminence 36, 292	NFE	Nerve fiber layer of eye 136
MERF	Medullary reticular formation 262	nic	Nucleus of inferior colliculus 154, 158, 160, 212, 220, 252, 256, 258, 298, 300, 310
mert	Medullary reticular nucleus 252	NO	Notochord 6, 8, 10, 40, 112, 140
MF	Mesencephalic flexure 4, 6, 8, 10, 12, 14, 16, 18, 40, 58, 60, 80, 84, 86, 110, 132, 152, 154, 156, 158, 160, 162, 164, 168, 206, 208, 230, 232, 236, 238, 254, 260, 316, 318	not	Nucleus of olfactory tract 306
		np	Nucleus proprius of posterior commissure 200, 294
		NPH	Nasopharynx 80, 82, 96, 98, 100, 104, 108, 140
		NR	Neural retina 32, 34, 36, 64, 96, 98, 136, 138
MFB	Medial forebrain bundle (medial prosencephalic fasciculus) 34, 38, 58, 60, 62, 64, 66, 76, 100, 102, 104, 132, 136, 138, 150, 152, 156, 166, 168, 176, 178, 182, 184, 186, 188, 190, 192, 194, 196, 198, 200, 202, 204, 206, 250, 254, 256, 260, 262, 274, 278, 288, 290, 292, 294, 322, 324, 326	NR,d	Neural retina, dorsal part 100
		NR,v	Neural retina, ventral part 100
		NS	Nasal septum 24, 84, 90, 92, 94, 96, 98, 134, 136, 138, 140
		NST	Neostriatum 92, 94, 96, 130
		nIII	Oculomotor nucleus 166, 204, 206, 208, 222, 296, 298, 312
mg	Medial geniculate body 108, 110, 152, 154, 156, 158, 200, 208, 224, 226, 228, 232, 234, 236, 252, 254, 294, 296, 314, 316, 318	nIV	Trochlear nucleus 166, 212, 222, 224, 300
		nV	Trigeminal nucleus 40, 42, 44, 46, 48, 68, 70, 110, 114, 116, 120, 136, 138, 140, 142, 320
MGE	Medial ganglionic eminence (medial ventricular elevation) 28, 58, 60, 80, 82, 94, 128, 130, 132	nVmes	Mesencephalic nucleus of trigeminal nerve 210, 212, 250, 252, 298, 300
mgpo	Magnocellular preoptic nucleus 152, 168, 188, 190, 254, 262, 282, 284, 286	nVmo	Motor nucleus of trigeminal nerve 250, 318, 320
mi	Massa intercalata 326	nVsen	Principal sensory nucleus of trigeminal nerve 300, 314, 316, 320, 322
mipc	Magnocellular interstitial nucleus of posterior commissure 312	nVsp	Spinal tract nucleus of trigeminal nerve 166, 212, 232, 234, 236, 238, 248, 250, 298, 300, 302, 316, 318, 320, 322, 324, 326
ML	Medial lemniscus 112, 114, 116, 118, 120, 140, 142, 154, 156, 158, 160, 168, 192, 194, 196, 208, 210, 212, 230, 232, 234, 236, 238, 240, 254, 256, 260, 288, 290, 292, 294, 298, 300, 302, 324	nVI	Nucleus of abducens nerve 262
		nVII	Nucleus of facial nerve 74, 118, 154, 238, 250, 262, 302, 322
MLF	Medial longitudinal fasciculus 4, 8, 10, 12, 14, 16, 44, 46, 48, 66, 70, 74, 76, 78, 80, 82, 102, 106, 112, 114, 116, 118, 120, 132, 134, 138, 140, 142, 154, 158, 160, 204, 206, 208, 210, 212, 226, 228, 232, 234, 236, 240, 260, 296, 298, 300, 322	nX	Dorsal nucleus of vagus nerve 118, 142, 258
		nXII	Nucleus of hypoglossal nerve 118, 142, 258, 260, 262
mlpo	Medial preoptic nucleus 154, 156, 160, 162, 164, 190, 256, 258, 262, 282, 284, 286, 324, 326	**O, o**	
mm	Medial mammillary nucleus 204, 324, 326		
MNPr	Medial nasal prominence 2, 4, 6, 8, 10, 18, 66, 68	O	Otic capsule 2, 14, 16, 44, 46, 68, 70, 74, 82, 84, 86, 112, 114, 140, 142
mnpo	Median preoptic nucleus 188, 258, 260, 282, 284, 324	OB	Olfactory bulb 82, 84, 86, 130, 132, 148, 150, 152, 154, 156, 158, 160, 162, 168, 172, 238, 240, 252, 254, 256, 258, 260, 262, 266, 268, 270, 318, 320, 322, 324, 326
MOT	Medial olfactory tract 78, 90, 132, 152, 166, 172, 252, 266, 270, 326		
MPOA	Medial preoptic area 134, 154, 158, 162, 188, 190, 192	OC	Optic chiasm 8, 10, 14, 34, 76, 78, 80, 82, 84, 102, 150, 152, 154, 156, 158, 160, 162, 164, 166, 168, 250, 252, 254, 256, 258, 260, 262, 286, 288
MR	Mammillary recess 10, 12, 38, 62, 108, 136, 138, 160, 162, 206, 236, 256, 258, 324	OE	Olfactory epithelium 2, 6, 8, 14, 66, 90, 92, 94, 134
ms	Medial septal nucleus 92, 94, 130, 132, 154, 156, 160, 166, 178, 180, 182, 184, 240, 256, 258, 260, 262, 276, 278, 280, 318, 320	ONL	Optic nerve layer 96, 98, 100
		OR	Optic radiation 322
		ORC	Oral cavity 4, 12, 14, 32, 36, 38, 68, 70, 76, 78, 80, 82, 84, 86, 98, 100, 104, 108, 110, 112, 140, 142
MT	Mammillothalamic tract 78, 96, 98, 100, 102, 104, 106, 154, 156, 158, 160, 162, 164, 166, 168, 196, 198, 254, 256, 258, 292, 322	ORE	Optic recess 4, 6, 8, 10, 30, 64, 66, 158
		OST	Optic stalk 2, 66, 102
MTg	Mammillotegmental tract 4, 6, 8, 14, 16, 32, 34, 36, 38, 60, 76, 82, 128, 130, 132, 134, 152, 154, 156, 158, 164, 168, 198, 200, 202, 204, 206, 224, 234, 238, 252, 254, 262, 290, 294, 314, 316, 318, 320, 324	OT	Optic tract 2, 4, 16, 18, 36, 38, 40, 42, 44, 46, 54, 56, 58, 60, 74, 76, 78, 80, 82, 84, 102, 104, 106, 108, 112, 114, 116, 118, 128, 130, 132, 138, 152, 154, 162, 164, 168, 192, 194, 196, 198, 200, 202, 220, 222, 234, 236, 240, 248, 252, 254, 260, 262, 288, 290, 292, 294, 312, 322, 326
mvb	Medial vestibular nucleus 256, 302, 320		
MxPr	Maxillary process 2, 12, 14, 16, 18, 24, 26, 28, 32, 34, 36, 66, 70		
MZ	Marginal zone 90, 92, 94, 124, 126, 174, 176, 178, 180, 184, 186, 188, 190, 268, 270, 272, 274, 276, 278, 280, 282, 284, 288, 292	OTU	Olfactory tubercle 94, 176, 184, 246, 250, 252, 254, 274, 280, 324, 326

OV	Olfactory ventricle 82, 132, 148, 150, 152, 160, 162, 164, 166, 172, 254, 256, 258, 260, 266, 268, 270, 320, 322, 324		**prm,v**	Premammillary nucleus, ventral part 166, 202, 260, 262, 294
OX	Obex 232, 234		**prt**	Parvocellular reticular nucleus 232
			PSA	Postoptic area 6, 8, 10, 12, 14, 16, 18, 36, 64, 66, 76
			PSH	Palatal shelf 14, 16, 36, 38, 40, 70, 76, 78, 80, 82, 96, 98, 100, 102, 104, 108, 110, 140, 142

P, p

- **P** Pyramid 318
- **pavh** Paraventricular nucleus of hypothalamus 192, 256, 258, 260, 288, 290, 322, 324
- **PBB** Pontobulbar body 76
- **PC** Posterior commissure 6, 8, 10, 12, 14, 16, 18, 30, 32, 34, 36, 74, 76, 82, 84, 86, 100, 102, 104, 108, 112, 114, 116, 118, 120, 124, 126, 128, 160, 162, 164, 166, 168, 194, 196, 198, 200, 218, 220, 222, 224, 292, 294, 308, 312
- **PCE** Posterior chamber of eye 100
- **PF** Pontine flexure 2, 4, 6, 8, 10, 12, 14, 16, 18, 68, 74, 76, 78, 80, 82, 84, 208, 260
- **pf** Parafascicular nucleus 196, 286, 292, 316
- **PH** Posterior hypothalamic area 240, 324
- **PHA** Pharynx 18, 76, 78, 80
- **PHS** Pharyngo-hypophyseal stalk 10
- **PI** Pineal (epiphysis) 98, 100, 124, 192, 194, 224, 248, 290, 292, 306, 308
- **PIN** Pinna 142
- **PIR** Pineal recess 14, 26, 84, 96, 98, 124, 166, 224, 308
- **PIT** Pituitary (hypophysis)
- **PIT,A** Pituitary, anterior part (adenohypophysis) 76, 78, 80, 108, 110
- **PIT,P** Pituitary, posterior part (neural hypophysis) 78, 108
- **pl,CPf** Pyramidal layer of pyriform cortex 174, 180, 182, 186, 244, 246, 248, 272, 274, 276, 278, 322, 324
- **pl,Hl** Pyramidal layer of hippocampus 284, 286, 312, 314, 318
- **pl,OTU** Pyramidal layer of olfactory tubercle 174, 248, 272, 276, 278, 280
- **pl,S** Pyramidal layer of subiculum 248
- **PLA** Prelimbic area 176, 274
- **pm** Posterior mammillary nucleus 322
- **PN** Pons 2, 4, 6, 8, 10, 12, 14, 62, 64, 74, 78, 80, 84, 108, 136, 138, 208, 228, 230, 232, 234, 236, 238, 298
- **pn** Pontine nuclei 40, 42, 64, 66, 74, 76, 78, 110, 154, 156, 158, 160, 164, 166, 168, 208, 212, 230, 232, 236, 238, 240, 248, 252, 254, 256, 258, 260, 262, 296, 298, 322, 324, 326
- **PNRF** Pontine reticular formation 298
- **pnrt** Pontine reticular nuclei 112, 114, 166, 168, 210, 238, 250, 258, 298
- **POA** Preoptic area 4, 6, 14, 16, 18, 28, 34, 62, 64, 66, 74, 76, 78, 80, 82, 84, 86, 96, 98, 100, 136
- **poh** Posterior hypothalamic nucleus 160, 196, 198, 294, 322
- **POR** Preoptic recess 10, 14, 16, 18, 28, 66, 78, 80, 82, 98, 100, 136, 154, 156, 188, 258, 260, 282, 284
- **pot** Posterior thalamic nucleus 152, 154, 156, 166, 168, 198, 230, 232, 234, 236, 238, 240, 252, 254, 256, 292, 294, 310, 312, 320
- **PP** Perforant path 178
- **PRE** Pretectal area 10, 16, 18, 74, 76, 78, 80, 206
- **pre** Pretectal nucleus 158, 160, 164, 196, 198, 208, 216, 218, 220, 222, 254, 256, 260, 262, 292, 294, 306
- **prm,d** Premammillary nucleus, dorsal part 200, 202, 260, 262, 294

- **PSH,F** Palatal shelf, fusion 102
- **PSR** Postoptic recess 10, 32, 34, 36, 64, 66
- **PT** Pyramidal tract 2, 4, 6, 8, 10, 12, 14, 16, 18, 40, 42, 44, 46, 48, 58, 60, 62, 64, 66, 70, 74, 76, 78, 80, 82, 84, 86, 110, 112, 114, 116, 118, 120, 132, 134, 136, 138, 140, 142, 148, 150, 152, 156, 160, 162, 164, 166, 168, 212, 250, 252, 256, 258, 262, 298, 300, 302, 318, 322
- **pvh** Periventricular hypothalamic nucleus 104, 256, 258, 262, 288, 290, 324, 326
- **pvpo** Periventricular preoptic nucleus 156, 160, 162, 188, 256, 260, 282, 284, 286, 322, 324, 326
- **pvt** Periventricular (paraventricular) thalamic nucleus 158, 190, 196, 228, 262, 286, 288, 290, 292

R, r

- **r** Red nucleus 108, 110, 154, 156, 162, 164, 202, 204, 206, 208, 224, 256, 260, 262, 296, 312, 314
- **rd** Nucleus raphe dorsalis (B7) 112, 114, 132, 134, 136, 166, 168, 202, 210, 212, 222, 226, 228, 230, 232, 254, 258, 260, 262, 298, 300, 308, 310, 312, 314, 316
- **re** Reuniens nucleus 160, 162, 164, 196, 258, 262, 288, 290, 292
- **ReF** Reticular formation 252, 256, 300, 302
- **RF** Rhinal fissure 90, 250, 268, 270, 290
- **rht** Rhomboid thalamic nucleus 288
- **RI** Rhombic isthmus 8, 12, 14, 42, 44, 112
- **RL** Rhombic lip 114
- **rm** Nucleus raphe magnus (B3) 76, 78, 80, 82, 110, 138, 162, 166, 212, 252, 256, 298, 300, 302, 324, 326
- **rmd** Nucleus raphe medianus (B8) 112, 136, 210, 212, 234, 236, 238, 254, 258, 260, 298, 300, 312, 318
- **ro** Nucleus raphe obscurus (B2) 78, 80, 114, 116, 140, 160, 168, 258, 300, 302
- **RP** Rathke's Pouch (hypophyseal pouch) 6, 8, 10, 12, 68, 76, 78, 108, 110, 140
- **rp** Nucleus raphe pallidus (B1) 78, 80, 118, 120, 142, 166, 168, 258
- **RPE** Retinal pigmented epithelium 30, 32, 34, 36, 64, 96, 98, 100, 136, 138
- **RPl,sc** Roof plate of superior colliculus 106, 208, 210
- **rpn** Nucleus raphe pontis (B5) 258, 260, 262, 298
- **rt** Reticular thalamic nucleus 100, 102, 104, 152, 154, 156, 192, 194, 196, 240, 250, 252, 254, 256, 258, 286, 288, 290, 310, 316

S, s

- **S** Subiculum 198, 200, 202, 246, 248, 294
- **SA** Septal area 2, 8, 10, 12, 24, 26, 60, 78, 82, 84, 86
- **SC** Spinal cord 2, 4, 6, 8, 10, 50, 74, 232, 234, 236, 238, 240
- **sc** Superior (anterior) colliculus 154, 162, 164, 198, 200, 208, 210, 222, 252, 256, 258, 260, 262, 294, 296, 298, 306, 308
- **SCbP** Superior cerebellar peduncle 2, 48, 64, 66, 68, 78, 84, 114, 116, 118, 136, 138, 152, 156, 158, 166, 168, 226, 228, 230, 250, 252, 256, 300, 312, 318

sch	Suprachiasmatic nucleus 102, 156, 258, 260, 288, 290	TB	Trapezoid body 156, 254, 258, 260, 262, 326
SCO	Subcommissural organ 102, 104, 108, 166, 192, 194, 196, 198, 200, 220, 222, 292, 294, 310	tb	Nucleus of trapezoid body 212, 240, 254, 298, 326
SCS	Schwann cell sheath 40, 42	TC	Thalamic commissure 288
sdn	Sexual dimorphic nucleus 288	TCCb	Taeniae choroideae cerebelli 118
SEM	Semicircular canals 114, 116, 142	TCF	Transverse cerebral fissure 244, 306, 310, 320, 324
SEP	Septum pellucidum 186, 262	TD	Tracheal duct 76
SEP,C	Septum pellucidum, cavum 186, 280, 312, 314	Tg	Tegmentum 4, 6, 8, 16, 18, 56, 58, 108, 110, 112, 116, 128, 130, 200, 296, 298, 300
SEP,R	Septum pellucidum, roof 278	ThD	Thyroid duct 76
sf	Septal nucleus of fimbria 186, 260, 282, 284	tm	Tuberomammillary nucleus 294
SFO	Subfornical organ 94, 314, 316	TO	Tongue 2, 4, 6, 8, 10, 12, 36, 38, 70, 78, 82, 84, 86, 100, 102, 104, 142
sh	Septohippocampal nucleus 278	TPnF	Transverse pontine fibers 162, 252, 260, 296, 324, 326
si	Substantia innominata 196, 286, 288	ts	Triangular septal nucleus 186, 282, 318, 320, 322
sin	Subincertal nucleus 154, 156, 192, 254, 256, 258, 288, 290	TST	Tectospinal tract 112
SL	Sulcus limitans 30, 32, 34, 36, 38		
sm	Supramammillary nucleus 200, 294		
SMG	Submandibular gland 74, 84	**U, u**	
sn	Substantia nigra (A9) 76, 78, 84, 108, 110, 112, 132, 134, 154, 156, 162, 164, 166, 202, 204, 206, 208, 226, 228, 230, 232, 236, 254, 256, 296, 316, 318, 320	ULP	Upper lip 138
so	Superior olivary nucleus 80, 114, 134, 136, 138, 140, 152, 240, 252, 298, 300, 302		
so,l	Superior olivary nucleus, lateral part 250	**V, v**	
SOA	Supraoptic area 4, 10, 14, 16, 18, 30, 76, 78, 80, 82, 84, 86, 102, 136, 138, 152, 252	VB	Vitreous body 96, 98, 136
SOL	Solitary tract 48, 252, 254, 258	vb	Vestibular nuclei 114, 118, 158, 160, 168, 232, 250, 252, 254, 314, 316, 318
sol	Solitary tract nucleus 118, 120, 234, 252, 262, 302	vb,l	Lateral vestibular nucleus 116
son	Supraoptic nucleus 192, 194, 254, 256, 288, 290, 292	vb,m	Medial vestibular nucleus 116
SP	Subplate 90, 92, 94, 124, 126, 278	vdb	Vertical nucleus of diagonal band of Broca 92, 94, 156, 160, 162, 164, 178, 180, 182, 184, 186, 252, 256, 258, 260, 262, 276, 278, 280, 316, 320, 322
spc	Subcommissural nucleus of posterior commissure 310	VDS	Ventral diencephalic (hypothalamic) sulcus 30, 98, 100, 102, 134
spl	Septal plate 178, 274, 276	vlg	Ventral lateral geniculate body 30, 106, 198, 200, 202, 232, 234, 236, 248, 252, 292, 294, 314
spo	Suprachiasmatic preoptic nucleus 156, 160, 162, 284, 286	vlt	Ventrolateral thalamic nucleus 192, 194, 256, 288
SSS	Superior sagittal sinus 90	vmh	Ventromedial hypothalamic nucleus 104, 106, 154, 156, 158, 160, 162, 164, 196, 198, 254, 256, 258, 260, 262, 290, 292, 324, 326
STM	Stria medullaris 4, 6, 8, 10, 16, 18, 30, 32, 34, 36, 54, 56, 58, 60, 78, 80, 82, 84, 86, 96, 98, 100, 102, 104, 126, 128, 130, 132, 152, 154, 156, 158, 168, 192, 194, 198, 224, 226, 228, 232, 234, 236, 238, 252, 254, 256, 258, 260, 262, 288, 290, 308, 310, 312, 314, 316, 320	vmt	Ventromedial thalamic nucleus 152, 192, 194, 196, 254, 256, 288, 290, 292, 316, 318, 320
STP	Stratum pyramidale 248, 286	VNN	Vomeronasal nerve 268, 270, 326
STT	Stria terminalis 18, 152, 154, 166, 168, 188, 190, 194, 196, 248, 250, 252, 254, 282, 284, 286, 288	VNO	Vomeronasal organ (Jacobson's Organ) 94, 138
SuG	Superficial grey layer of superior colliculus 208, 210, 212, 254, 298	VP	Ventral pallidum 192, 196, 272, 274, 280
SUT	Subthalamus 6, 10, 12, 14, 16, 18, 134, 294	vpl	Ventral posterior thalamic nucleus, lateral part 104, 106, 152, 196, 198, 228, 230, 238, 252, 290, 292, 314, 316
sut	Subthalamic nucleus 166, 202, 230, 254, 256, 294, 318, 320, 322	vpm	Ventral posterior thalamic nucleus, medial part 104, 106, 154, 156, 166, 168, 196, 198, 230, 234, 236, 238, 240, 254, 256, 292, 314, 316, 320
SVZ	Subventricular zone 92, 94, 96, 130, 148, 150, 152, 154, 158, 160, 162, 166, 168, 172, 174, 176, 180, 192, 194, 196, 198, 224, 226, 228, 230, 232, 234, 236, 238, 240, 250, 252, 254, 256, 258, 260, 262, 266, 268, 272, 274, 276, 278, 280, 282, 286, 306, 314, 318, 320	VT	Ventral thalamus 6, 100
		vtg	Ventral tegmental nucleus (A10) 80, 82, 108, 110, 112, 132, 134, 158, 166, 168, 206, 208, 226, 228, 230, 260, 262, 296, 316, 318
T, t		vtg(G)	Ventral tegmental nucleus of Gudden 300
T	Tectum 2, 4, 6, 8, 10, 12, 14, 16, 18, 40, 42, 44, 46, 48, 54, 56, 58, 60, 62, 64, 74, 76, 80, 84, 86, 106, 108, 110, 112, 114, 116, 118, 120, 124, 126, 128, 130, 132, 134, 136, 138, 152, 198, 200, 202, 204, 206, 216, 218, 220, 248, 254, 258, 260, 262	VZ	Ventricular zone 2, 28, 42, 44, 46, 50, 68, 74, 76, 78, 80, 82, 90, 92, 94, 96, 106, 108, 110, 112, 114, 116, 118, 120, 124, 126, 128, 130, 132, 134, 136, 138, 148, 150, 152, 158, 172, 174, 176, 180, 192, 194, 196, 198, 224, 226, 228, 230, 232, 234, 236, 238, 240, 254, 256, 258, 260, 270, 278, 300, 306, 320, 322, 324
TA	Tapetum 314		

W, w

WF Whisker follicle (vibrissa follicle) 74, 76, 90, 136, 138, 140, 142

Z, z

zi Zona incerta 84, 98, 102, 154, 156, 166, 192, 200, 202, 206, 232, 234, 238, 254, 256, 258, 288, 290, 292, 294, 316, 320, 322

Roman Numerals

I Olfactory nerve 8, 10, 12, 74, 92, 94, 102, 266, 268
II Optic nerve 100, 102, 136, 138, 146, 150, 152, 252, 254, 280, 282, 284
III Oculomotor nerve 254, 262
IIIV Third ventricle 8, 10, 12, 14, 28, 30, 32, 34, 36, 38, 54, 56, 58, 60, 62, 78, 80, 82, 84, 94, 96, 98, 100, 102, 104, 106, 128, 130, 132, 134, 158, 160, 162, 164, 166, 188, 190, 192, 194, 196, 198, 200, 202, 222, 224, 226, 228, 230, 232, 234, 236, 238, 240, 258, 260, 262, 284, 286, 288, 290, 292, 294, 308, 310, 312, 314, 316, 318, 320, 322, 324
IV Trochlear nerve 262
IVV Fourth ventricle 2, 4, 6, 8, 10, 12, 14, 16, 18, 42, 44, 46, 48, 50, 62, 64, 66, 68, 70, 74, 76, 78, 80, 82, 84, 86, 114, 116, 118, 120, 138, 140, 142, 152, 154, 156, 158, 160, 162, 164, 168, 226, 228, 230, 232, 234, 236, 238, 244, 246, 248, 250, 256, 258, 260, 300, 302, 314, 316, 318, 320
V Trigeminal nerve 40, 42, 50, 68, 74, 86, 110, 138, 140, 298
VG Trigeminal (semilunar, Gasserian) ganglion 38, 40, 42, 66, 68, 70, 74, 84, 86, 106, 108, 110, 138, 140
Vman Trigeminal nerve, mandibular division 86
Vmax Trigeminal nerve, maxillary division 86
Vsp Spinal tract of trigeminal nerve 42, 44, 46, 48, 50, 68, 70, 110, 118, 120, 138, 140, 142, 154, 168, 212, 230, 232, 234, 236, 238, 250, 252, 254, 298, 300, 302
VII Facial nerve 42, 232, 236, 254
VIIG Geniculate (facial) ganglion 18, 42, 112, 114, 118
VIII Cochlear/vestibular/acoustic nerve 44, 46, 114, 116, 142, 232, 236, 302, 324
VIIIG Acoustic (spiral) ganglion 18, 42, 44, 70, 112, 114
IX Glossopharyngeal nerve 80, 116, 118, 120, 142, 232, 234, 302
IXG Glossopharyngeal ganglion 14, 16, 18, 48, 74, 80, 82, 116
X Vagus 80, 142, 262
XG Vagal ganglion 14, 16, 18, 48, 80, 82, 116
XI Accessory nerve 142
XII Hypoglossal nerve 6, 8, 10, 12, 234

LIST OF STRUCTURES

A

Accessory nerve   XI
Accessory olfactory bulb   ACOB
Accessory olivary nucleus   acol
Accumbens nucleus   a
Acoustic (spiral) ganglion   VIIIG
Adenohypophysis (pituitary, anterior part)   PIT,A
Alveus   A
Ambiguus nucleus   amb
Amygdaloid area   AA
Anterior amygdaloid area   AAA
Anterior cardinal vein   ACV
Anterior chamber of eye   ACE
Anterior commissure   AC
Anterior commissure, anterior part   AC,a
Anterior commissure, posterior part   AC,p
Anterior dorsal thalamic nucleus   adt
Anterior hypothalamic area   AH
Anterior hypothalamic nucleus   ah
Anterior medial thalamic nucleus   amt
Anterior olfactory nucleus   ao
Anterior olfactory nucleus, dorsal part   aod
Anterior olfactory nucleus, external part   aoe
Anterior olfactory nucleus, lateral part   aol
Anterior olfactory nucleus, medial part   aom
Anterior olfactory nucleus, posterior part   aop
Anterior olfactory nucleus, ventral part   aov
Anterior pretectal nucleus   apre
Anterior ventral thalamic nucleus   avt
Aqueduct of Sylvius   AQ
Arcuate nucleus   arc
Area postrema   AP

B

Basal lateral amygdaloid nucleus   abl
Basal magnocellular nucleus (of Meynert; preoptic)   bm
Basal medial amygdaloid nucleus   abm
Basicranium   BC
Basilar artery   BA
Bed nucleus of stria terminalis   bstt
Bed nucleus of stria terminalis, dorsal part   bstt,d
Bed nucleus of stria terminalis, lateral part   bstt,l
Bed nucleus of stria terminalis, medial part   bstt,m
Bed nucleus of stria terminalis, ventral part   bstt,v
Blood cells   BCS
Brachium of inferior colliculus   BIC
Brachium of superior colliculus   BSC

C

Caudate-putamen   cp
Caudato-pallial angle   CPA
Cavum of septum pellucidum   SEP,C
Central amygdaloid nucleus   ac
Central canal   CEN
Central tegmental tract   CTg
Centromedian thalamic nucleus   cmt
Cerebellar peduncle   CbP
Cerebellum   Cb
Cerebral peduncle   CPd
Cervical flexure   CF
Choroid plexus   ChPl
Cingulate cortex   CCi
Cingulum (cingulate bundle)   CI
Claustrum   cl
Cochlear duct   CD
Cochlear nucleus   co
Cochlear/Vestibular/acoustic nerve   VIII
Commissure of superior colliculus   CSC
Cornea   COR
Corpus callosum   CC
Corpus callosum, genu   CC,G
Corpus callosum, rostrum   CC,R
Corpus callosum, splenum   CC,S
Corpus callosum, trunk   CC,T
Cortex   C
Cortical amygdaloid nucleus   aco
Cortical plate   CP
Corticospinal tract   CST
Cuneate nucleus   cu

D

Decussations of pyramids (pontine decussations)   DP
Decussation of superior cerebellar peduncles   DSCbP
Deep mesencephalic nucleus   dm
Dental papilla (toothbud, toothgerm)   DPA
Dentate gyrus (fascia dentata)   DG
Dentate nucleus of cerebellum   d
Diagonal band of Broca   DB
Dopaminergic nuclear complex   A9-10
Dorsal central gray   CGd
Dorsal cochlear nucleus   cod
Dorsal diencephalic sulcus   DDS
Dorsal endopyriform nucleus   de
Dorsal lateral geniculate body   dlg
Dorsal longitudinal fasciculus   DLF

Dorsal nucleus of vagus nerve   nX
Dorsal subpallial sulcus   DSS
Dorsal tegmental nucleus   dtg
Dorsal thalamus   DT
Dorsomedial hypothalamic nucleus   dmh
Dorsomedial thalamic nucleus   dmt

E

Entopeduncular nucleus   ep
Entorhinal cortex   CEn
Ependyma: see Ventricular zone   VZ
Epiphysis (pineal)   EP
Epithalamus   ET
Esophagus   ES
Eustachian tube   EUT
External auditory meatus   EAM
External capsule   EC
External granular layer of cerebellum   EGL,Cb
External granular layer of olfactory bulb   EGL
External medullary lamina   EML
External plexiform layer of accessory olfactory bulb   EGL,ACOB
External plexiform layer of olfactory bulb   EPL
Extreme capsule   EXC
Eye   E
Eyelid   EL
Eye muscle   EM

F

Facial nerve   VII
Facial nucleus   nVII
Fasciculus retroflexus (habenulo-peduncular tract)   FR
Fastigial nucleus of cerebellum   f
Fimbria   FIM
Floorplate of rhombencephalon   FP
Fornix   F
Fornix, column   F,C
Fornix, dorsal commissure (dorsal hippocampal commissure, dorsal psalterium)   F,DC
Fornix, ventral commissure (ventral hippocampal commissure, ventral psalterium)   F,VC
Fourth ventricle   IV V
Frontal cortex   CFr
Frontopolar cortex   CFp

G

Ganglionic eminence   GE
Geniculate (facial) ganglion   VIIG
Gigantocellular reticular nucleus   grt
Glia   GA
Glial sling   GS
Globose nucleus of cerebellum   g
Globus pallidus   gp
Glomerular layer of olfactory bulb   GL
Glossopharyngeal ganglion   IXG
Glossopharyngeal nerve   IX
Granular layer of cerebellum   gr, Cb
Granular layer of dentate gyrus   gr,DG
Granular layer of olfactory bulb   GR

H

Habenula   HA
Habenular commissure   HAC
Habenular recess (of third ventricle)   HAR
Harderian gland   HG
Hilus of dentate gyrus   HIL
Hippocampal commissure   HIC
Hippocampal fissure   HIF
Hippocampal fissure, dorsal part   HIF, d
Hippocampal region   CA1
Hippocampal region   CA2
Hippocampal region   CA3
Hippocampal region   CA4
Hippocampus   HI
Hippocampus, anterior part   HI,a
Hippocampus, dorsal part   HI,d
Hippocampus, ventral part   HI,v
Horizontal nucleus of diagonal band of Broca   hdb
Hyoid cartilage   HC
Hypoglossal nerve   XII
Hypophysis (pituitary)   PIT
Hypothalamic commissure   HYC
Hypothalamus   H

I

Indusium griseum   IG
Inferior cerebellar peduncle   ICbP
Inferior (posterior) colliculus   ic
Inferior olive   io
Infralimbic cortex   CIr
Infundibular pocket   IP
Infundibular recess   IR
Infundibulum   IF
Insular (rhinal) cortex   CIn
Interhemispheric (longitudinal) cerebral fissure   LCF
Intermediate subpallial sulcus   ISS
Intermediate zone   IZ
Internal capsule   IC
Internal carotid artery   IN
Internal granular layer of olfactory bulb   IGL
Internal medullary lamina   IML
Internal plexiform layer of olfactory bulb   IPL
Interpeduncular nucleus   ip
Interpositus nucleus of cerebellum   i
Interstitial nucleus of posterior commissure   ipc
Interventricular foramen of Monroe   IVF
Islands of Calleja   ICj
Isthmal canal   ISC

L

Lamina terminalis   LT
Lamina terminalis, dorsal part   LT,d
Lateral amygdaloid nucleus   al
Lateral cerebellar nucleus   lcb
Lateral dorsal thalamic nucleus   ldt
Lateral ganglionic eminence (lateral ventricular elevation)   LGE
Lateral geniculate body   lg
Lateral habenula   hal
Lateral hypothalamic area   LH
Lateral hypothalamic nucleus   lh

Lateral inferior sulcus   LIS
Lateral lemniscus   LL
Lateral lemniscus, ventral part   LL,V
Lateral lemniscus nucleus, dorsal part   ll,d
Lateral lemniscus nucleus, ventral part   ll,v
Lateral nasal prominence   LNPr
Lateral nucleus of medulla oblongata   lmo
Lateral olfactory tract   LOT
Lateral orbital cortex   CLo
Lateral posterior thalamic nucleus   lpt
Lateral preoptic area   LPOA
Lateral preoptic nucleus   lpo
Lateral reticular nucleus   lrt
Lateral septal nucleus   ls
Lateral septal nucleus, dorsal part   ls,d
Lateral septal nucleus, intermediate part   ls,i
Lateral septal nucleus, ventral part   ls,v
Lateral tegmental nucleus   ltg
Lateral thalamic nucleus   lt
Lateral ventricle   LV
Lateral ventricle, anterior horn   LV,AH
Lateral ventricle, inferior horn   LV,IH
Lateral ventricle, posterior horn   LV,PH
Lateral vestibular nucleus   vb,l
Lens epithelium   LE
Lens of eye   L
Lens fibers   LF
Lens vesicle   LVS
Locus coeruleus (A6)   lc
Longitudinal cerebral fissure (interhemispheric fissure)   LCF
Longitudinal pontine fibers (longitudinal fasciculus of pons)   LPnF
Lower eyelid   LEL
Lower lip   LLP

M

Magnocellular interstitial nucleus of posterior commissure   mipc
Magnocellular preoptic nucleus   mgpo
Mammillary area   MA
Mammillary body   mb
Mammillary recess   MR
Mammillotegmental tract   MTg
Mammillothalamic tract   MT
Mandibular process   MaPr
Marginal zone   MZ
Massa intercalata   mi
Maxillary process   MxPr
Meckel's cartilage   MC
Medial accessory nucleus   mac
Medial amygdaloid nucleus   am
Medial forebrain bundle (medial prosencephalic fasciculus)   MFB
Medial ganglionic eminence (medial ventricular elevation)   MGE
Medial geniculate body   mg
Medial habenula   ham
Medial lemniscus   ML
Medial longitudinal fasciculus   MLF
Medial mammillary nucleus   mm
Medial nasal prominence   MNPr
Medial olfactory tract   MOT
Medial orbital cortex   CMo

Medial preoptic area   MPOA
Medial preoptic nucleus   mlpo
Medial septal nucleus   ms
Medial vestibular nucleus   vb,m
Median eminence   MEM
Median preoptic nucleus   mnpo
Median raphe nucleus (B8)   rmd
Mediodorsal thalamic nucleus   mdt
Medulla   ME
Medullary reticular formation   MERF
Medullary reticular nucleus   mert
Mesencephalic flexure   MF
Mesencephalic nucleus of trigeminal nerve   nVmes
Middle cerebellar peduncle (brachium pontis)   MCbP
Mitral cell layer of accessory olfactory bulb   MCL,ACOB
Mitral cell layer of olfactory bulb   MCL
Motor nucleus of trigeminal nerve   nVmo

N

Nasal cavity   NC
Nasal septum   NS
Nasopharynx   NPH
Neostriatum   NST
Nerve fiber layer of eye   NFE
Neural hypophysis (pituitary, posterior part)   PIT,P
Neural retina   NR
Neural retina, dorsal part   NR,d
Neural retina, ventral part   NR,v
Noradrenergic/adrenergic nuclear complex   AC1-3
Noradrenergic nuclear complex   A1-3
Noradrenergic nuclear complex   A4-7
Noradrenergic nucleus   A5
Notochord   NO
Nucleus of abducens nerve   nVI
Nucleus of anterior commissure   nac
Nucleus of facial nerve   nVII
Nucleus of hypoglossal nerve   nXII
Nucleus of inferior colliculus   nic
Nucleus of lateral olfactory tract   lo
Nucleus of olfactory tract   not
Nucleus proprius of posterior commissure   np
Nucleus raphe dorsalis (B7)   rd
Nucleus raphe magnus (B3)   rm
Nucleus raphe medianus (B8)   rmd
Nucleus raphe obscurus (B2)   ro
Nucleus raphe pallidus (B1)   rp
Nucleus raphe pontis (B5)   rpn
Nucleus of spinal trigeminal tract of nerve V   nVsp
Nucleus of trapezoid body   tb

O

Obex   OX
Occipital cortex   COc
Oculomotor nerve   III
Oculomotor nucleus   nIII
Olfactory bulb   OB
Olfactory epithelium   OE
Olfactory nerve   I
Olfactory tubercle   OTU
Olfactory ventricle   OV
Optic chiasm   OC

Optic nerve   II
Optic nerve layer   ONL
Optic stalk   OST
Optic radiation   OR
Optic recess   ORE
Optic tract   OT
Oral cavity   ORC
Otic capsule   O

P

Palatal shelf   PSH
Palatal shelf, fusion   PSH,F
Parafascicular nucleus   pf
Paraventricular nucleus of hypothalamus   pavh
Parietal cortex   CPa
Parietal cortex, motor area   CPam
Parvocellular reticular nucleus   prt
Perforant path   PP
Periventricular hypothalamic nucleus   pvh
Periventricular preoptic nucleus   pvpo
Periventricular (paraventricular) thalamic nucleus   pvt
Pharyngo-hypophyseal stalk   PHS
Pharynx   PHA
Pineal (epiphysis)   PI
Pineal recess   PIR
Pinna   PIN
Pituitary (hypophysis)   PIT
Pituitary, anterior part (adenohypophysis)   PIT,A
Pituitary, posterior part (neural hypophysis)   PIT,P
Pons   PN
Pontine flexure   PF
Pontine nuclei   pn
Pontine reticular formation   PNRF
Pontine reticular nuclei   pnrt
Pontobulbar body   PBB
Posterior amygdaloid nucleus   apo
Posterior chamber of eye   PCE
Posterior commissure   PC
Posterior hypothalamic area   PH
Posterior hypothalamic nucleus   poh
Posterior mammillary nucleus   pm
Posterior thalamic nucleus   pot
Postoptic area   PSA
Postoptic recess   PSR
Prelimbic area   PLA
Premammillary nucleus, dorsal part   prm,d
Premammillary nucleus, ventral part   prm,v
Preoptic area   POA
Preoptic medial nucleus   mlpo
Preoptic recess   POR
Preoptic suprachiasmatic nucleus   spo
Pretectal area   PRE
Pretectal nucleus   pre
Principal sensory nucleus of trigeminal nerve   nVsen
Pyramid   P
Pyramidal layer of hippocampus   pl,HI
Pyramidal layer of olfactory tubercle   pl,OTU
Pyramidal layer of pyriform cortex   pl,CPf
Pyramidal layer of subiculum   pl,S
Pyramidal tract   PT
Pyriform (olfactory) cortex   CPf

R

Rathke's Pouch (hypophyseal pouch)   RP
Red nucleus   r
Reticular formation   ReF
Reticular thalamic nucleus   rt
Retinal pigmented epithelium   RPE
Retrospinal cortex   CRs
Reuniens nucleus   re
Rhinal fissure   RF
Rhombic isthmus   RI
Rhombic lip   RL
Rhomboid thalamic nucleus   rht
Roof plate of superior colliculus   RPl,sc
Roof of septum pellucidum   SEP,R

S

Schwann cell sheath   SCS
Semicircular canals   SEM
Septal area   SA
Septal nucleus of fimbria   sf
Septal plate   spl
Septohippocampal nucleus   sh
Septum pellucidum   SEP
Septum pellucidum, cavum   SEP,C
Septum pellucidum, roof   SEP,R
Serotonergic nucleus—raphe pallidus (rp)   B1
Serotonergic nuclear complex   B1-2
Serotonergic nucleus—raphe obscurus (ro)   B2
Serotonergic nucleus—raphe magnus (rm)   B3
Serotonergic nuclear complex   B4-9
Serotonergic nucleus—raphe pontis (rpn)   B5
Serotonergic nucleus—raphe dorsalis (rd)   B7
Serotonergic nucleus—raphe medianus (rmd)   B8
Serotonergic nucleus   B9
Sexual dimorphic nucleus   sdn
Solitary tract   SOL
Solitary tract nucleus   sol
Spinal cord   SC
Spinal nucleus of vestibular nerve   nVIIIsp
Spinal tract nucleus of trigeminal nerve   nVsp
Spinal tract of trigeminal nerve   Vsp
Stratum pyramidale   STP
Stria medullaris   STM
Stria terminalis   STT
Subcommissural nucleus of posterior commissure   spc
Subcommissural organ   SCO
Subfornical organ   SFO
Subiculum   S
Subincertal nucleus   sin
Submandibular gland   SMG
Subplate   SP
Substantia innominata   si
Substantia nigra (A9)   sn
Subthalamic nucleus   sut
Subthalamus   SUT
Subventricular zone   SVZ
Sulcus limitans   SL
Superficial grey layer of superior colliculus   SuG
Superior cerebellar peduncle   SCbP
Superior (anterior) colliculus   sc

Superior olivary nucleus so
Superior olivary nucleus, lateral part so, l
Superior sagittal sinus SSS
Suprachiasmatic nucleus sch
Suprachiasmatic preoptic nucleus spo
Supramammillary nucleus sm
Supraoptic area SOA
Supraoptic nucleus son

T

Tapetum TA
Tectospinal tract TST
Tectum T
Tegmentum Tg
Temporal (auditory) cortex CTe
Taeniae choroideae cerebelli TCCb
Thalamic commissure TC
Third ventricle III V
Thyroid duct ThD
Tongue TO
Transverse cerebral fissure TCF
Transverse pontine fibers TPnF
Tracheal duct TD
Trapezoid body TB
Triangular septal nucleus ts
Trigeminal (semilunar, Gasserian) ganglion VG
Trigeminal nerve V
Trigeminal nerve, mandibular division Vman
Trigeminal nerve, maxillary division Vmax
Trigeminal nucleus nV
Trochlear nerve IV
Trochlear nucleus nIV
Tuberomammillary nucleus tm

U

Upper lip ULP

V

Vagal ganglion XG
Vagus X
Ventral cochlear nucleus cov
Ventral diencephalic (hypothalamic) sulcus VDS
Ventral lateral geniculate body vlg
Ventral pallidum VP
Ventral posterior thalamic nucleus, medial part vpm
Ventral posterior thalamic nucleus, lateral part vpl
Ventral tegmental nucleus (A10) vtg
Ventral tegmental nucleus of Gudden vtg(G)
Ventral thalamus VT
Ventricular zone VZ
Ventrolateral thalamic nucleus vlt
Ventromedial hypothalamic nucleus vmh
Ventromedial thalamic nucleus vmt
Vertical nucleus of diagonal band of Broca vdb
Vestibular nuclei vb
Vitreous body VB
Vomeronasal nerve VNN
Vomeronasal organ (Jacobson's Organ) VNO

W

Whisker follicle (vibrissa follicle) WF

Z

Zona incerta zi

GESTATIONAL DAY 12 (GD 12)

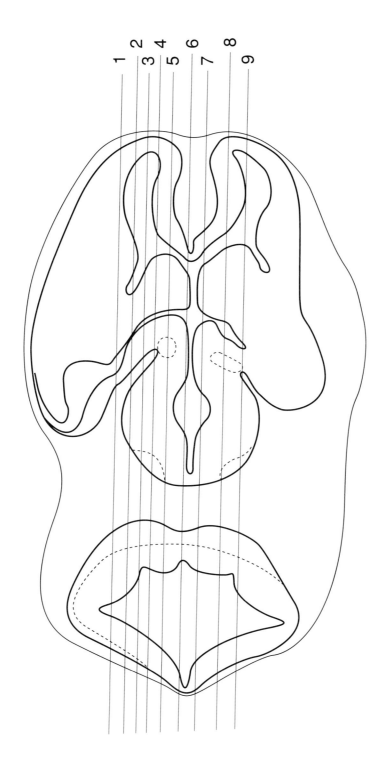

GD 12 SAGITTAL SECTIONS

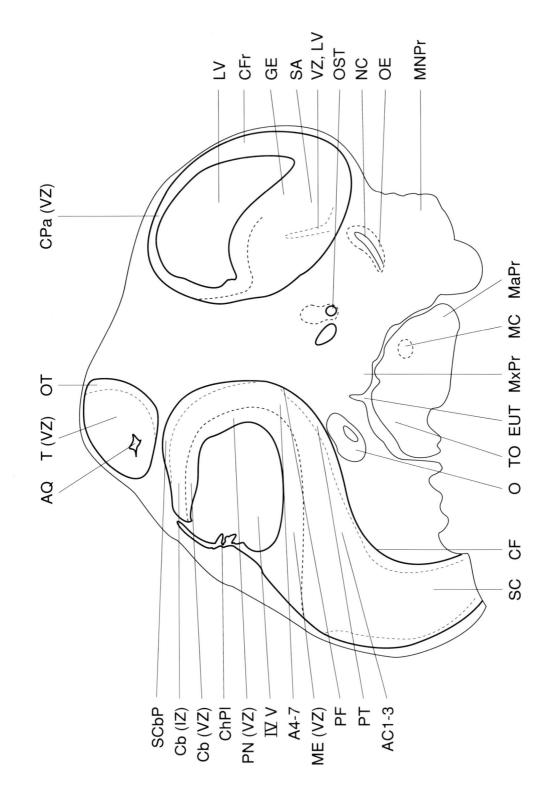

GD 12 SAG. 1

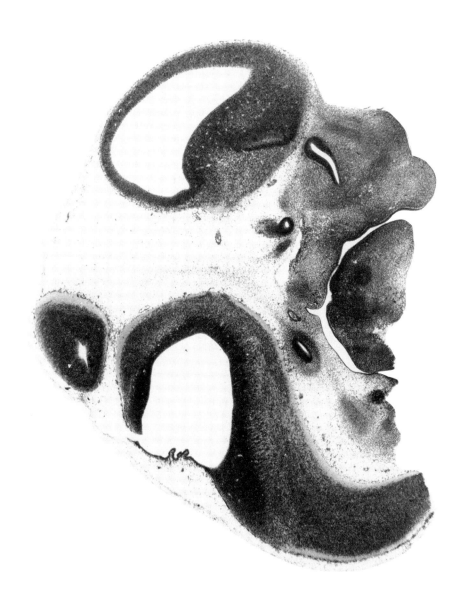

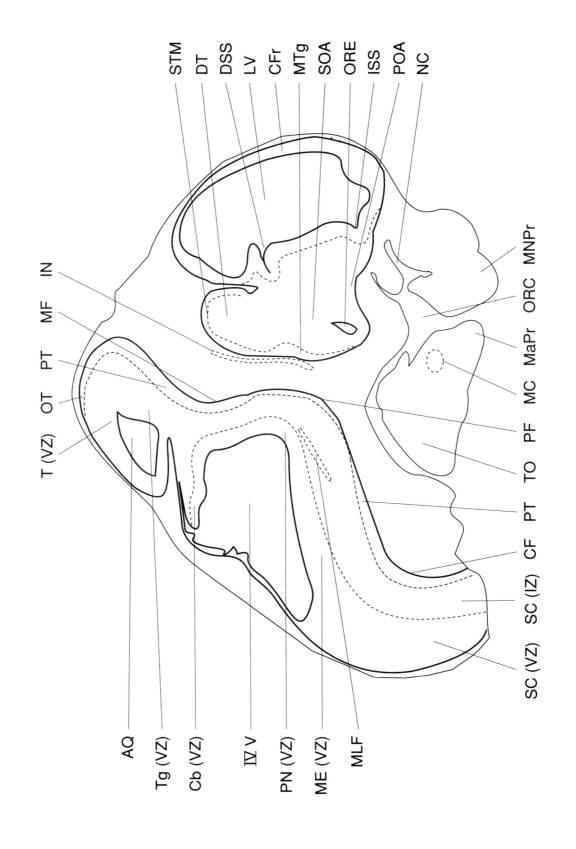

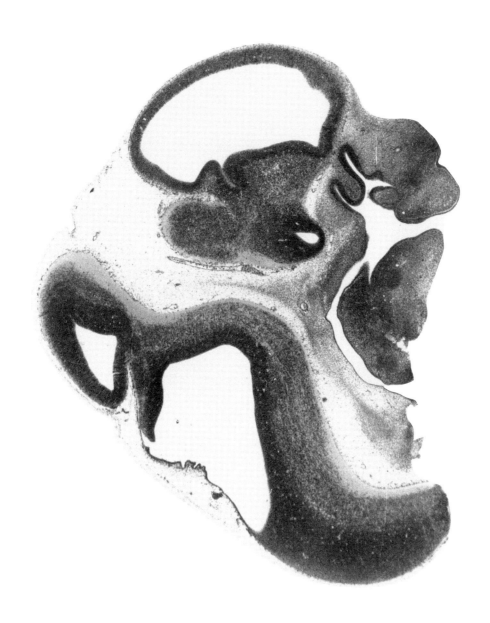

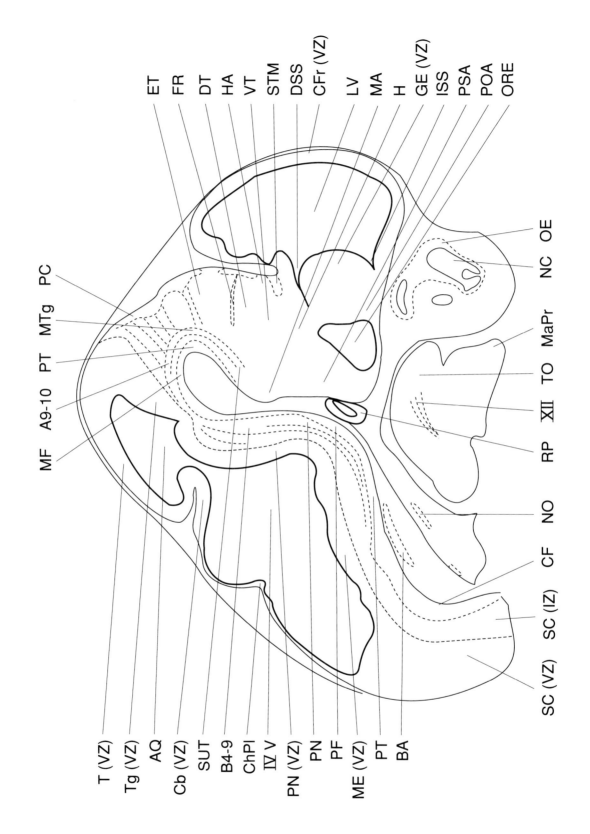

GD 12 SAG. 3

GD 12 SAG. 4

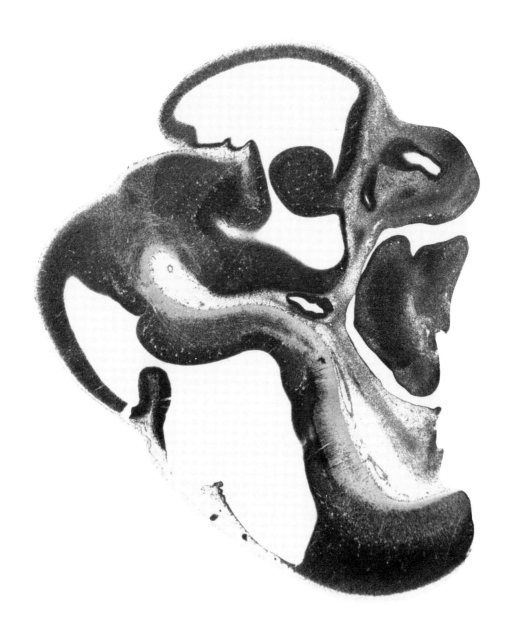

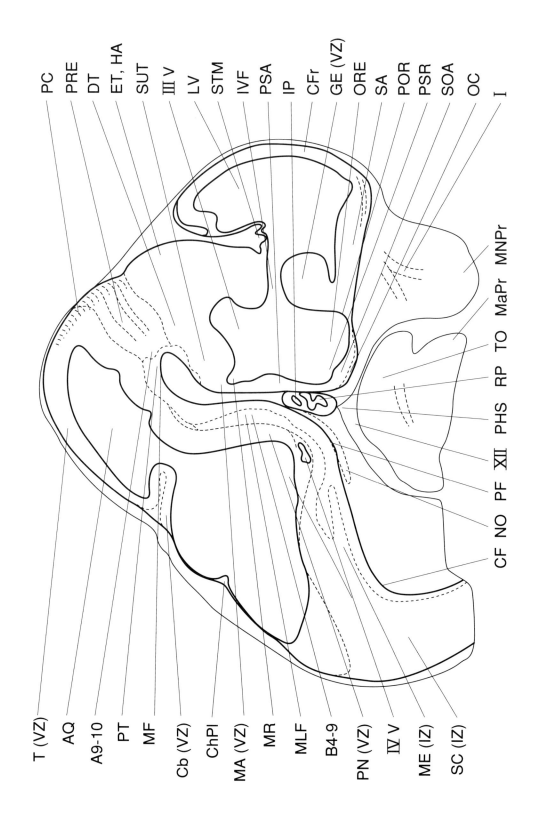

GD 12 SAG. 5

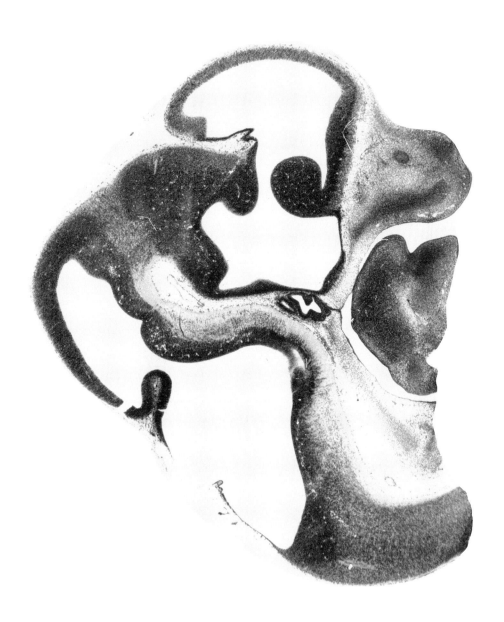

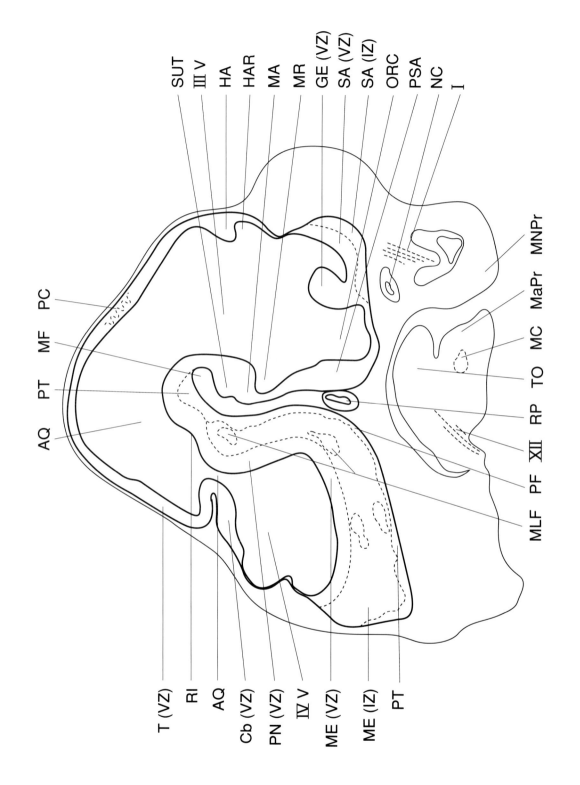

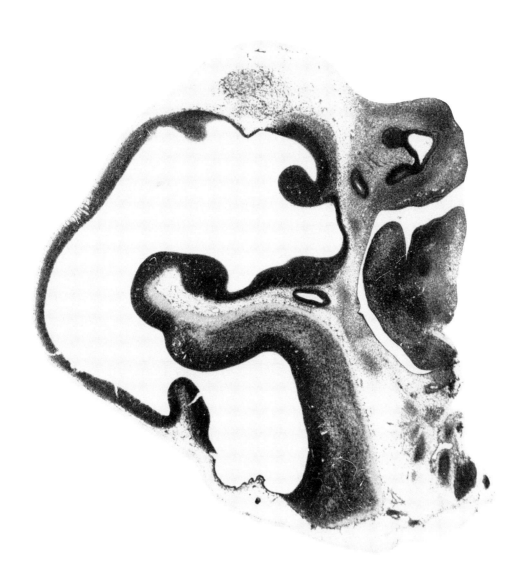

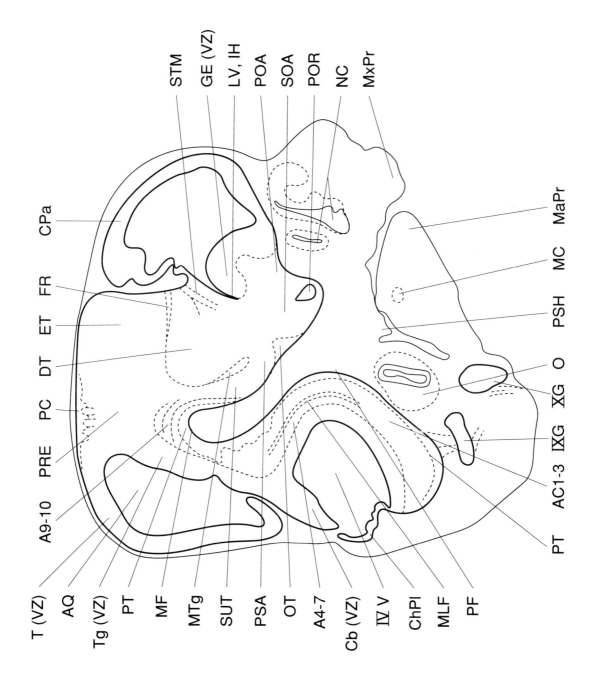

GD 12 SAG. 8

GD 12 SAG. 9

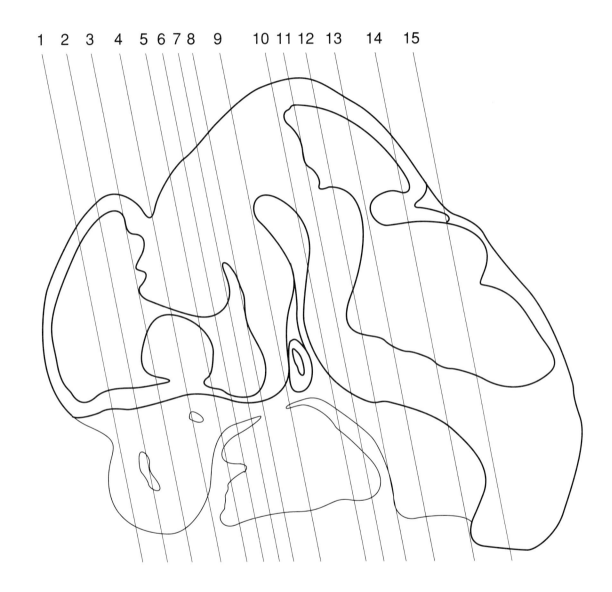

GD 12 CORONAL SECTIONS

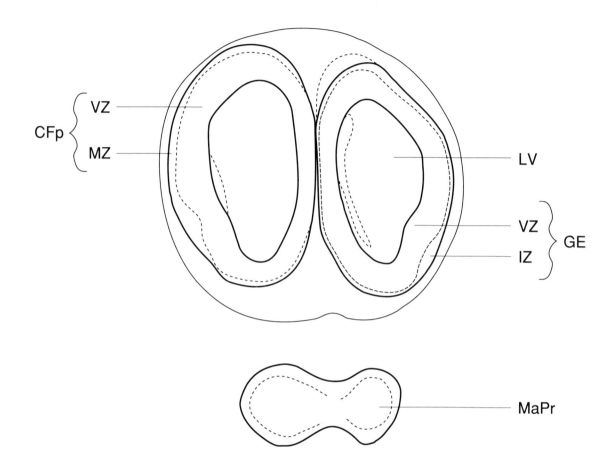

GD 12 COR. 1

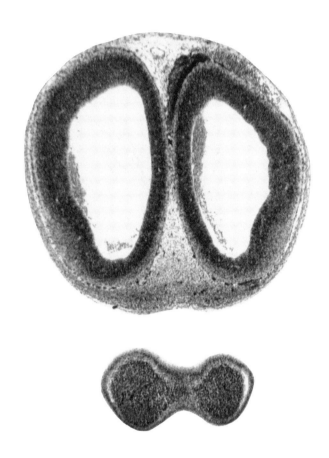

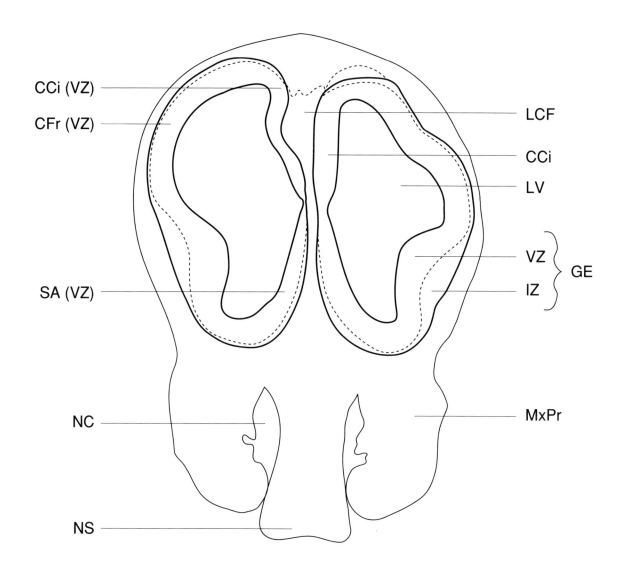

GD 12 COR. 2

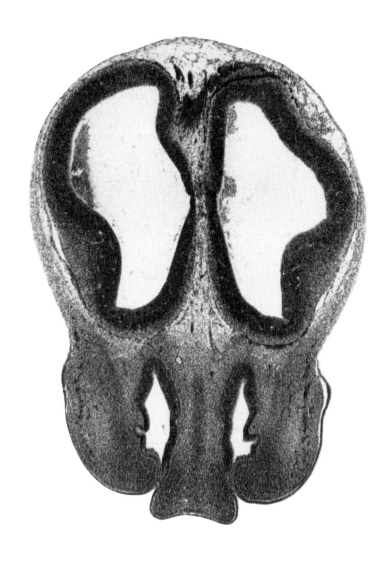

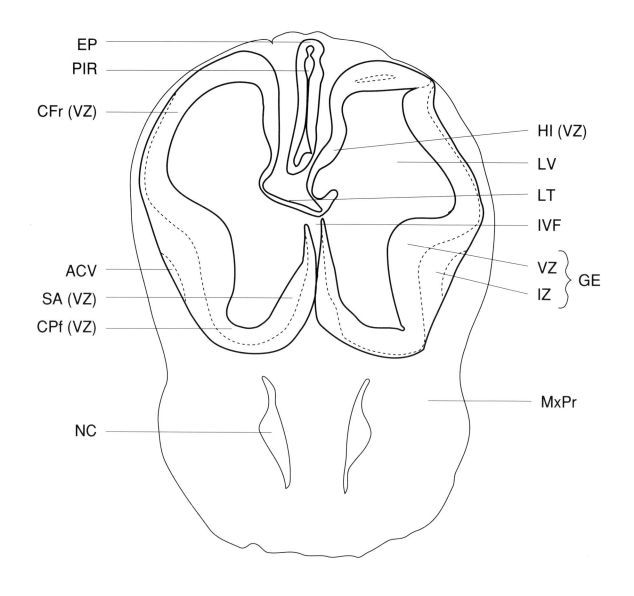

GD 12 COR. 3

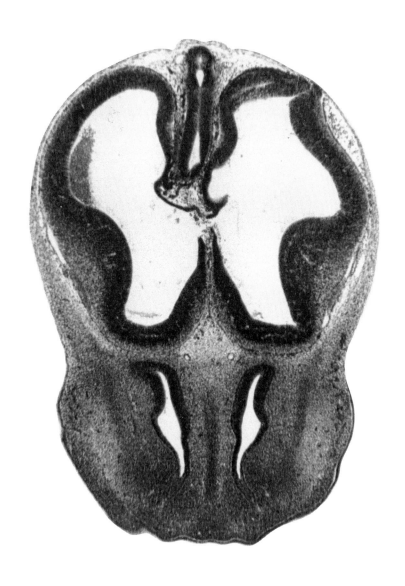

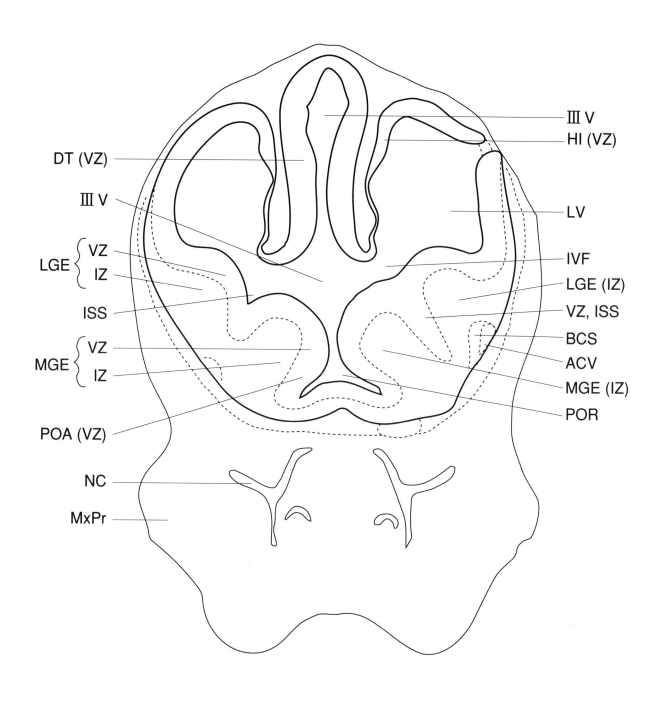

GD 12 COR. 4

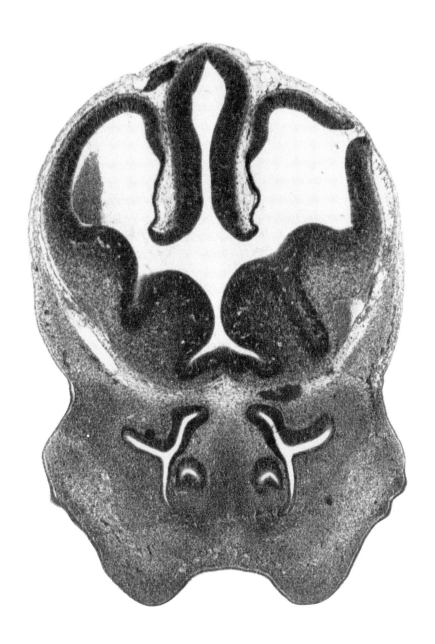

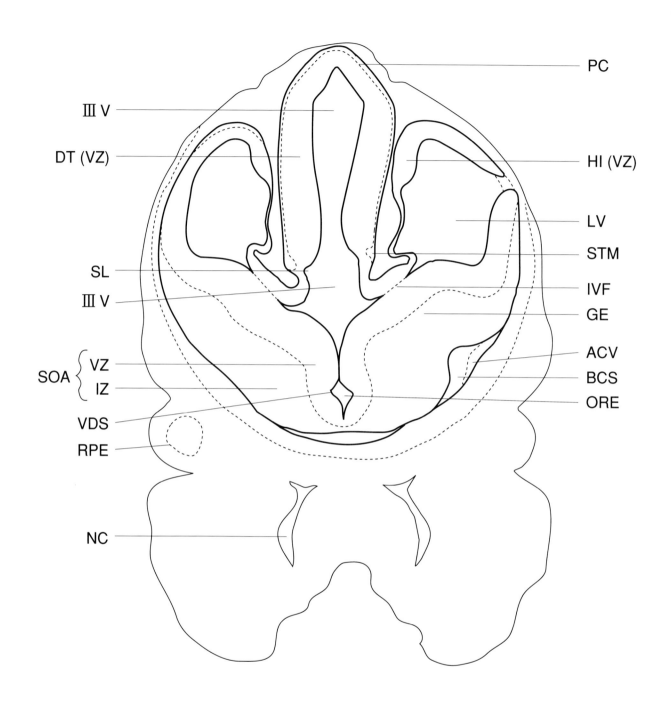

GD 12 COR. 5

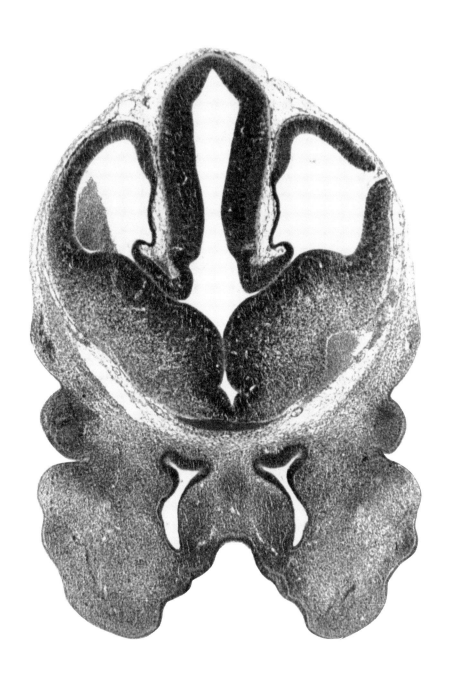

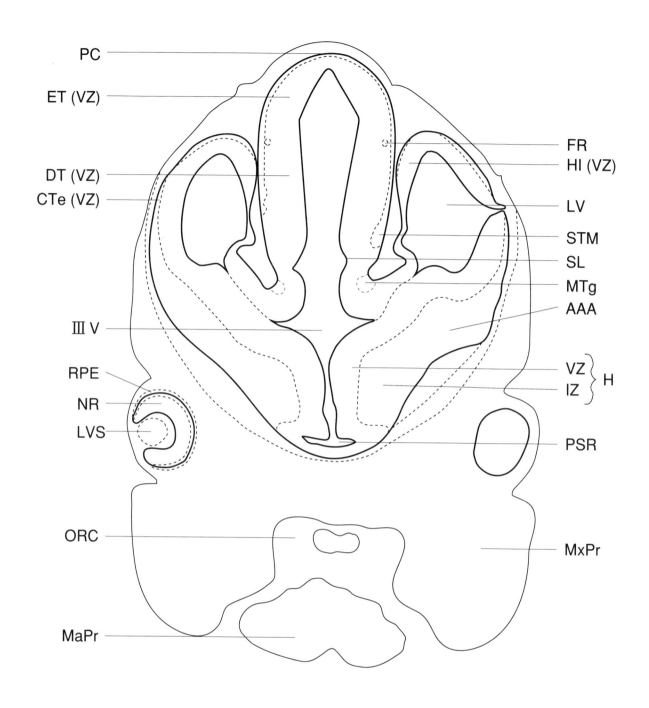

GD 12 COR. 6

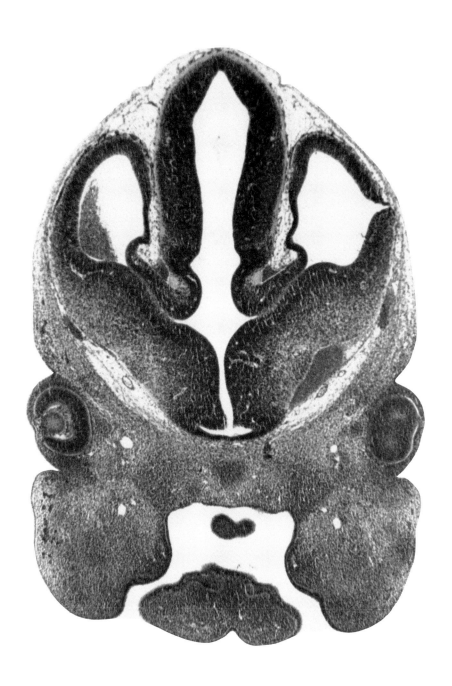

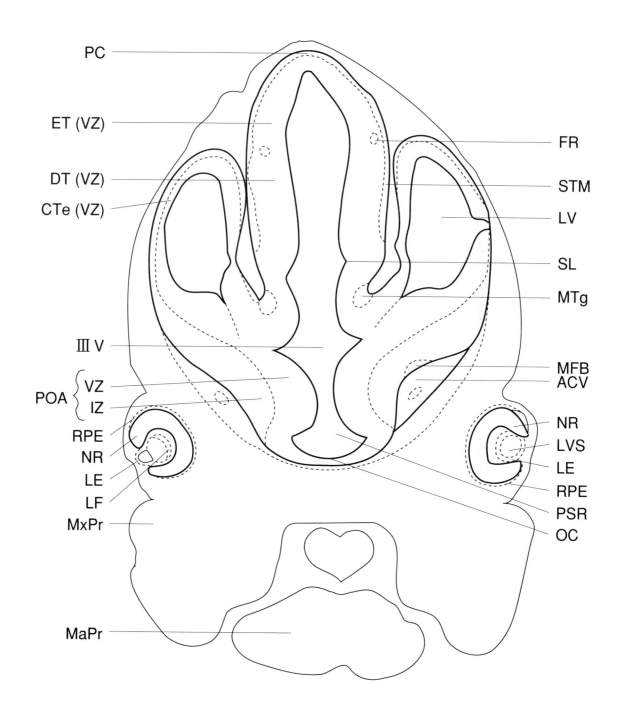

GD 12 COR. 7

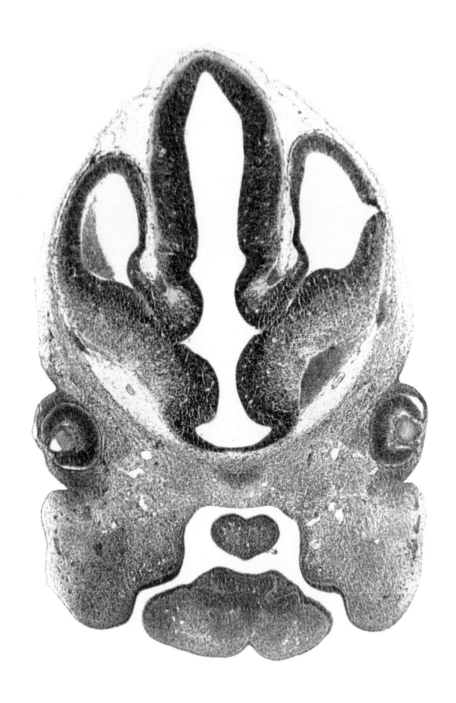

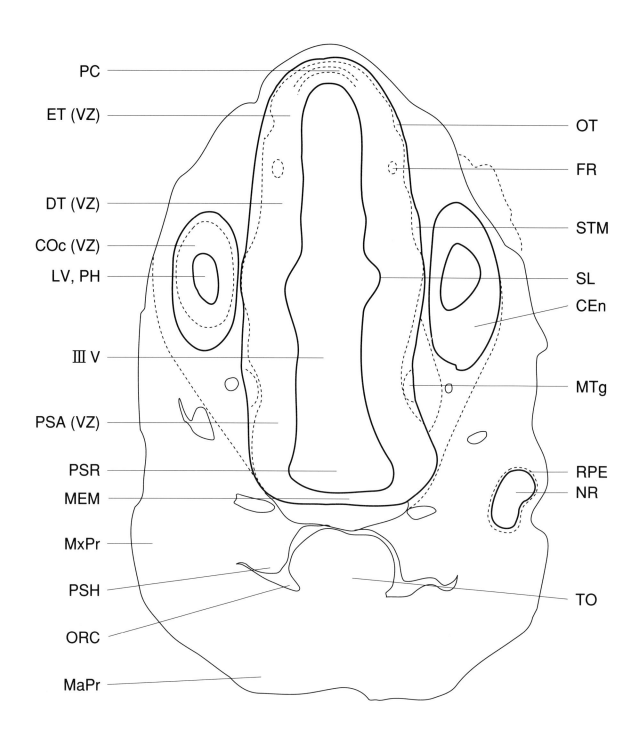

GD 12 COR. 8

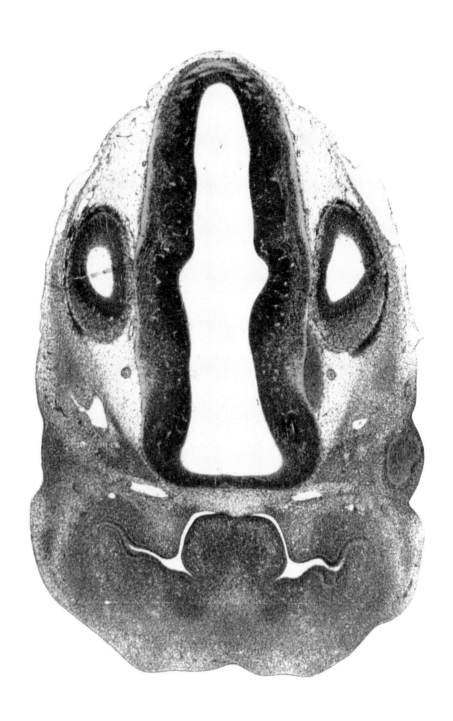

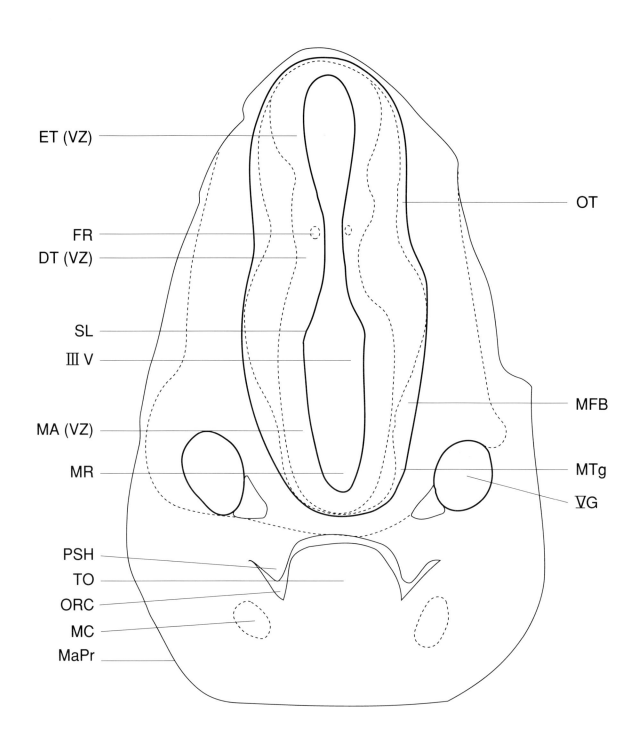

GD 12 COR. 9

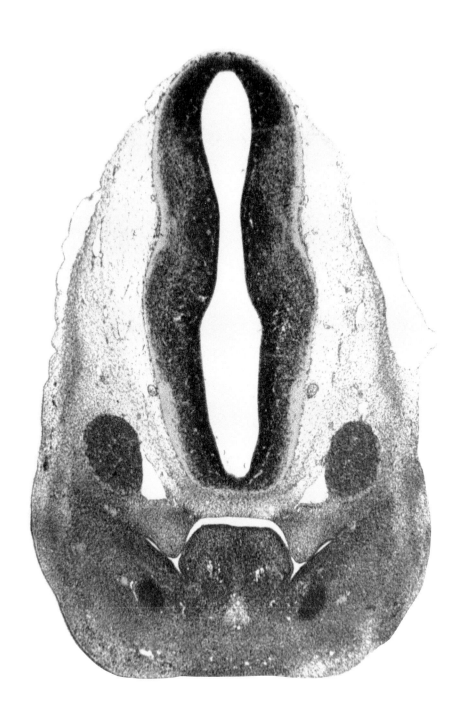

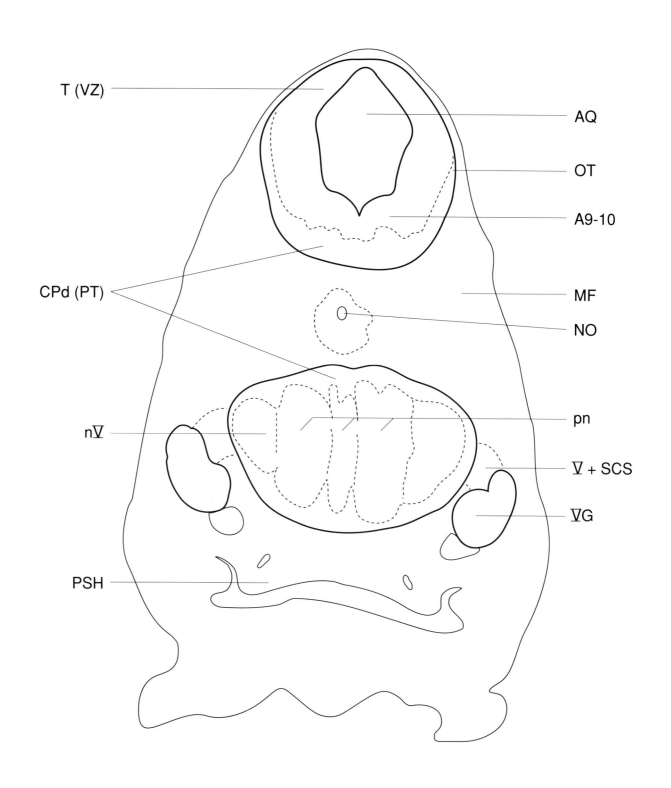

GD 12 COR. 10

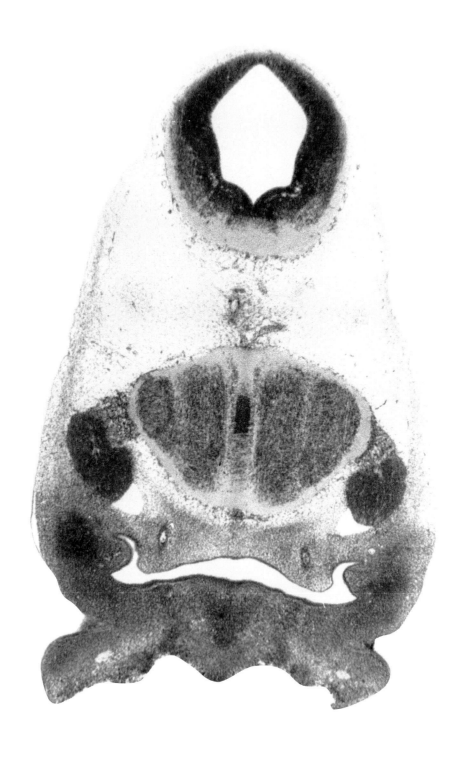

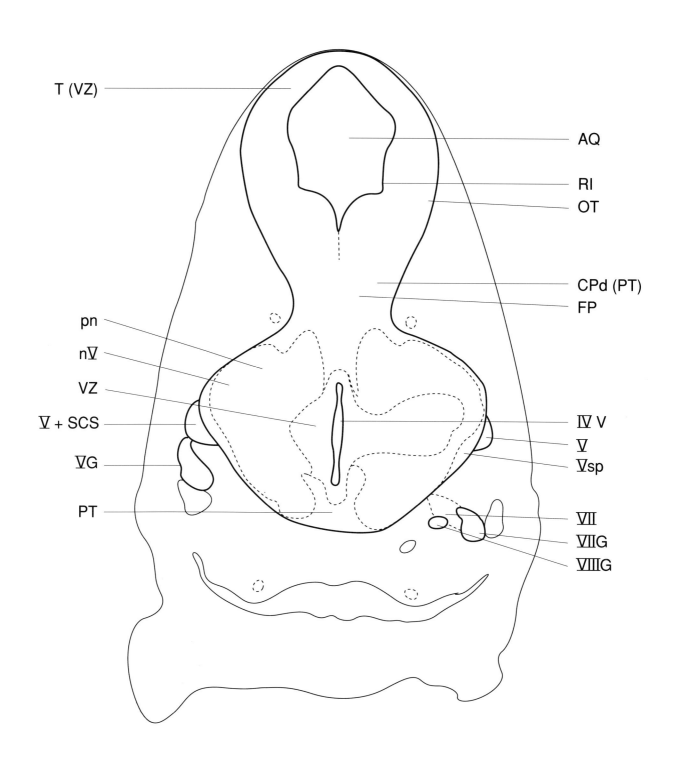

GD 12 COR. 11

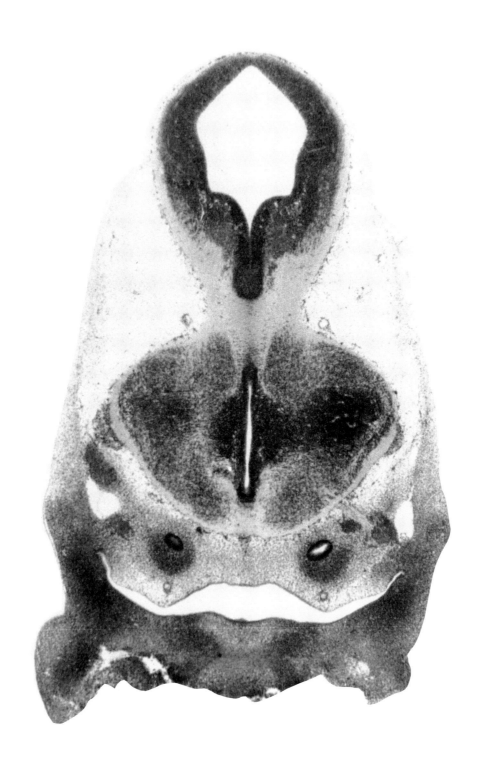

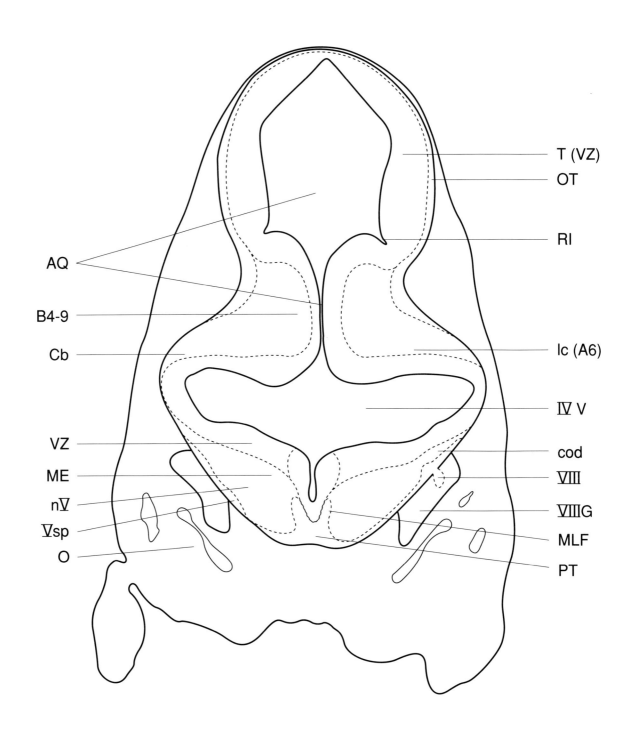

GD 12 COR. 12

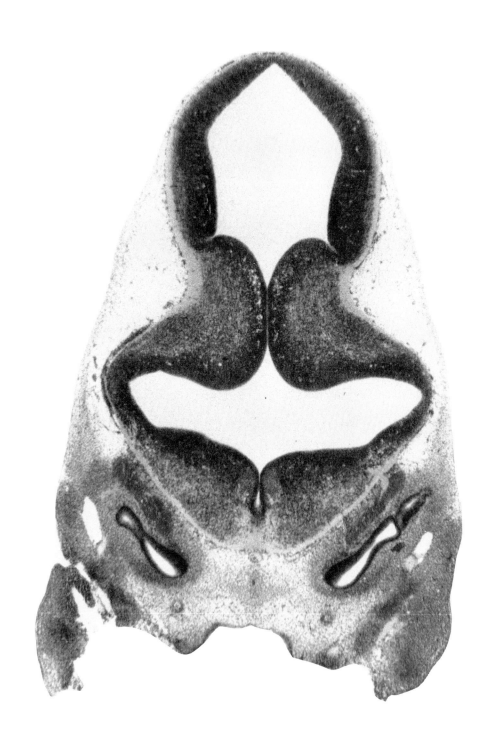

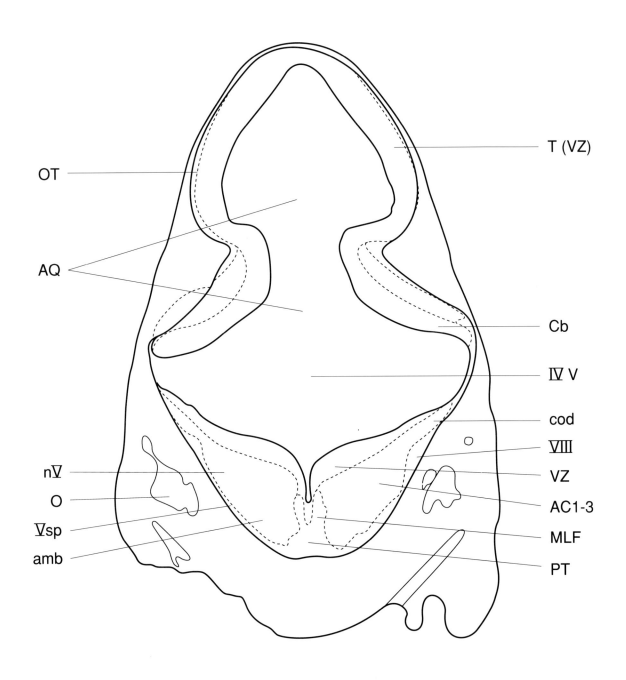

GD 12 COR. 13

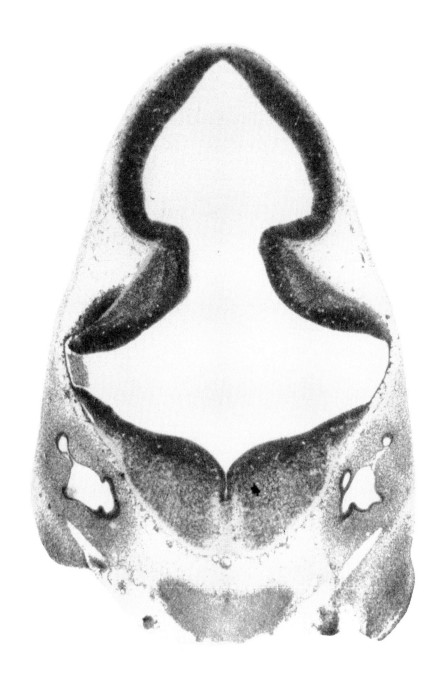

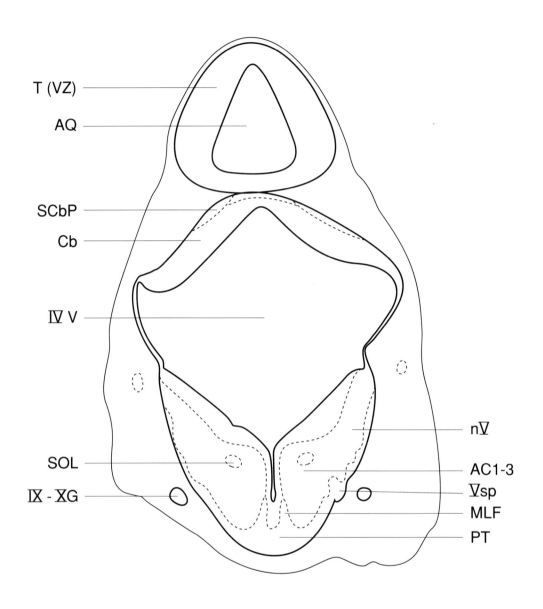

GD 12 COR. 14

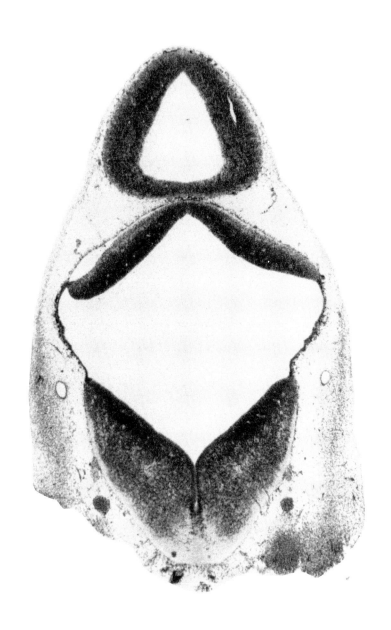

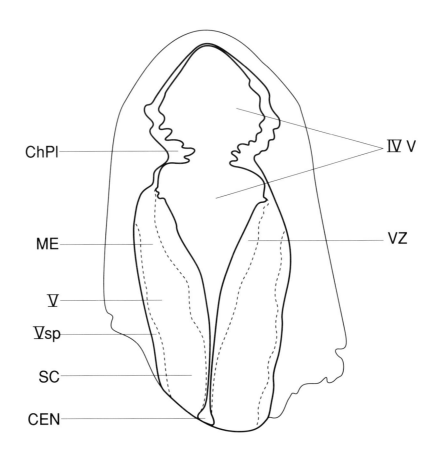

GD 12 COR. 15

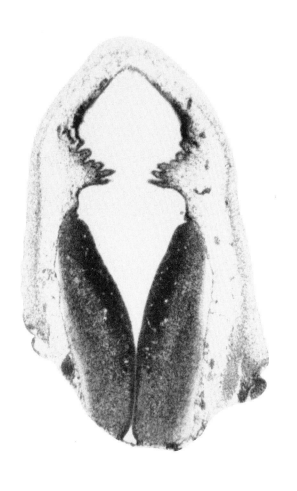

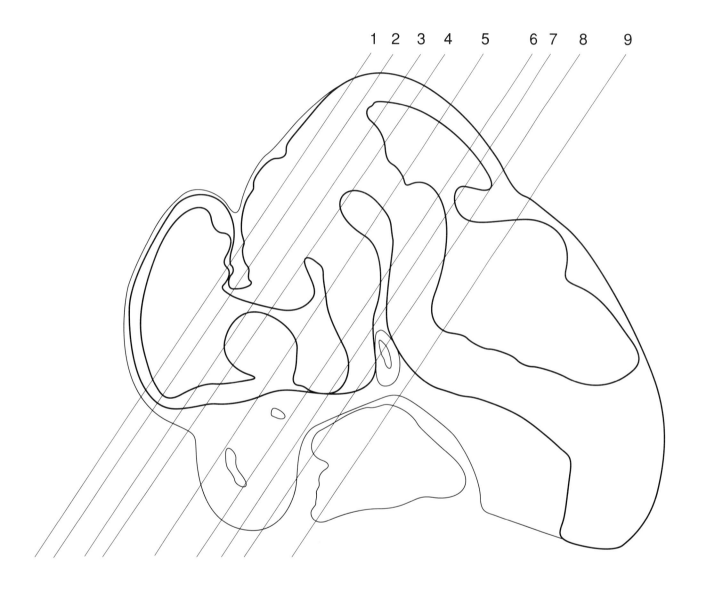

GD 12 HORIZONTAL SECTIONS

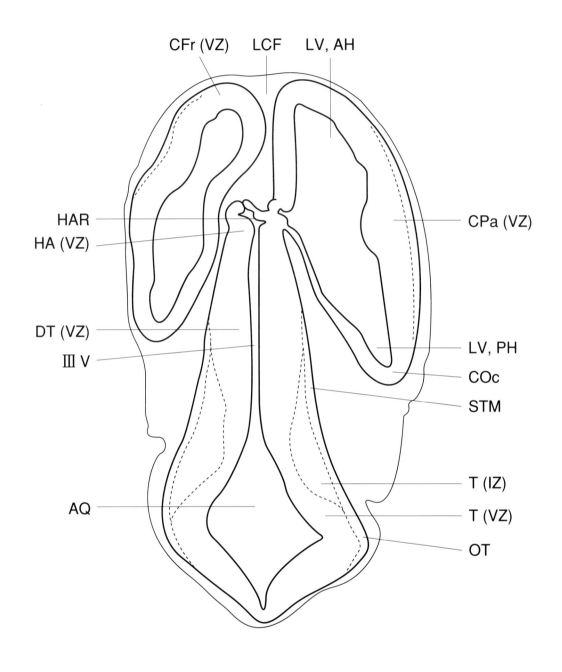

GD 12 HOR. 1

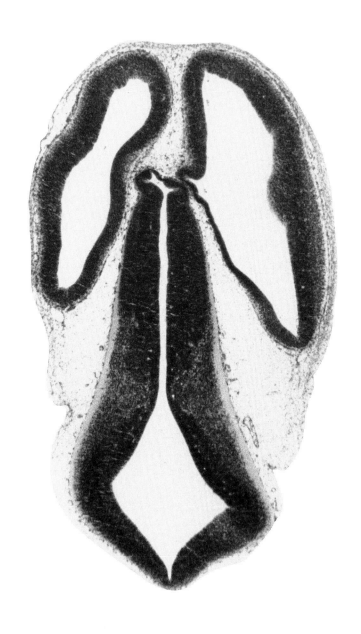

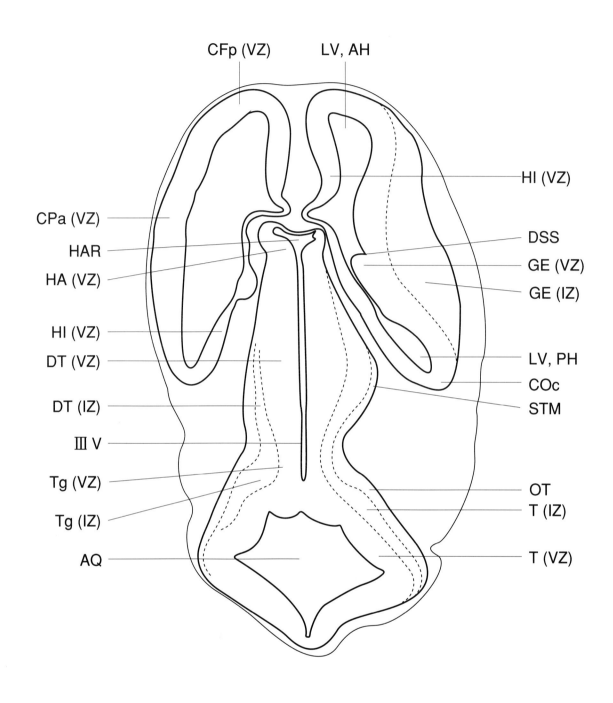

GD 12 HOR. 2

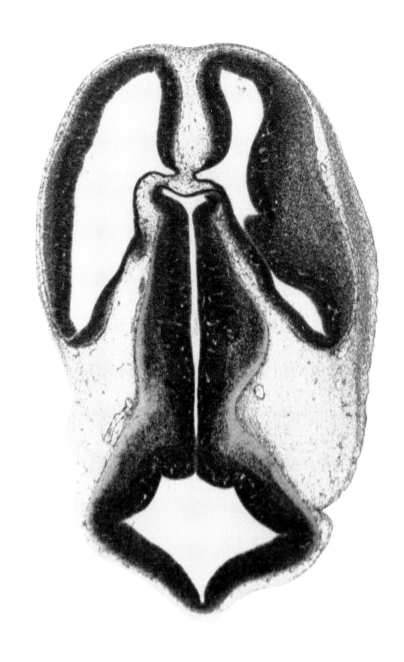

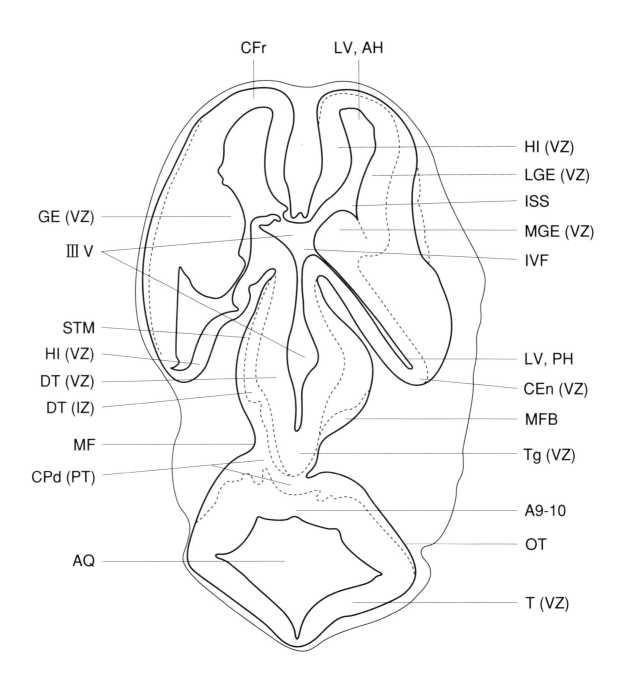

GD 12 HOR. 3

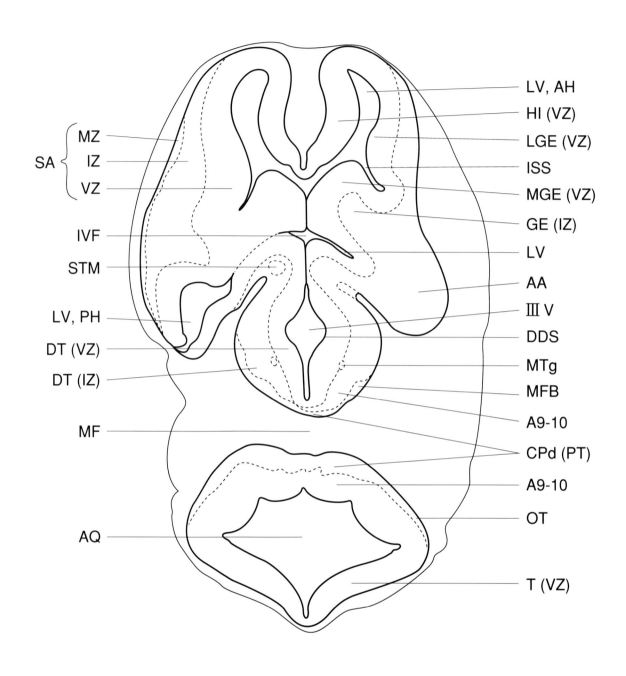

GD 12 HOR. 4

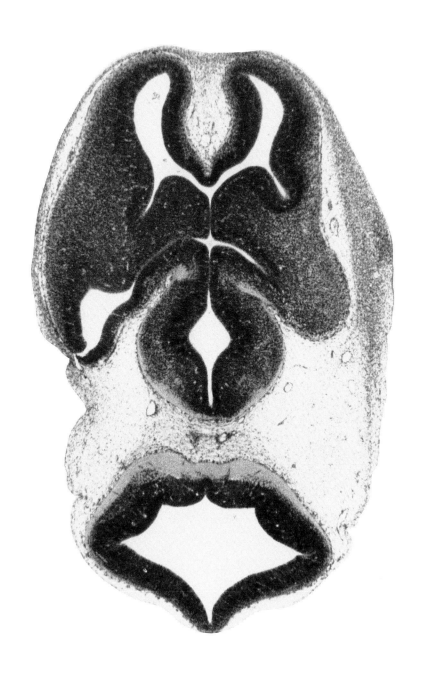

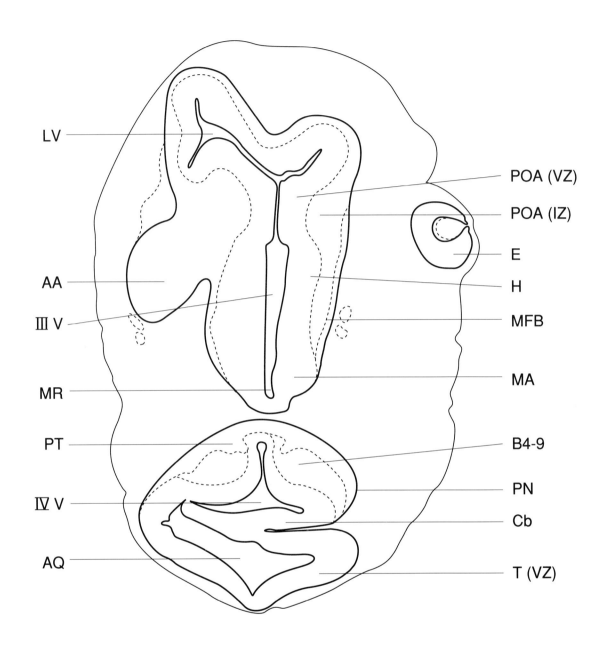

GD 12 HOR. 5

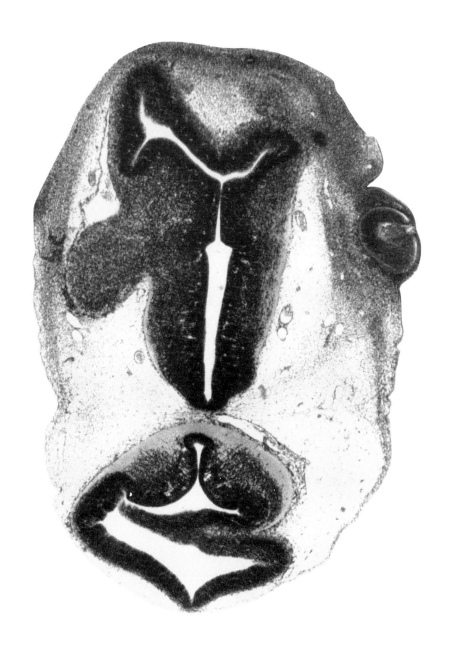

63

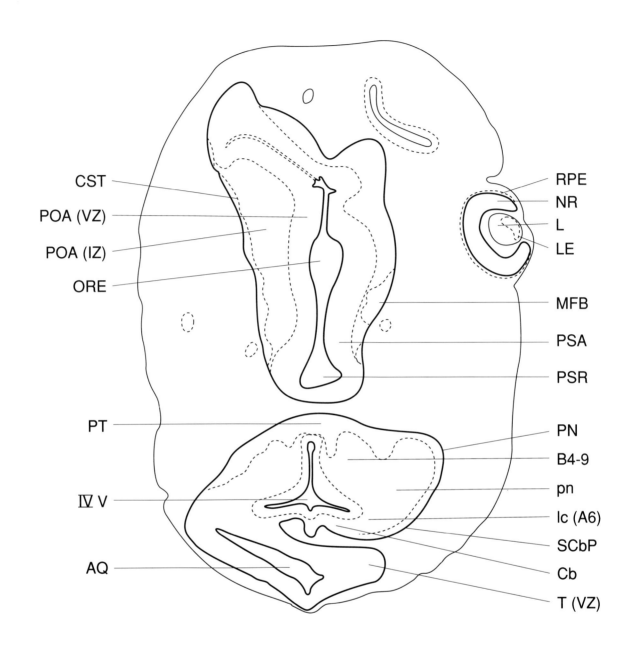

GD 12 HOR. 6

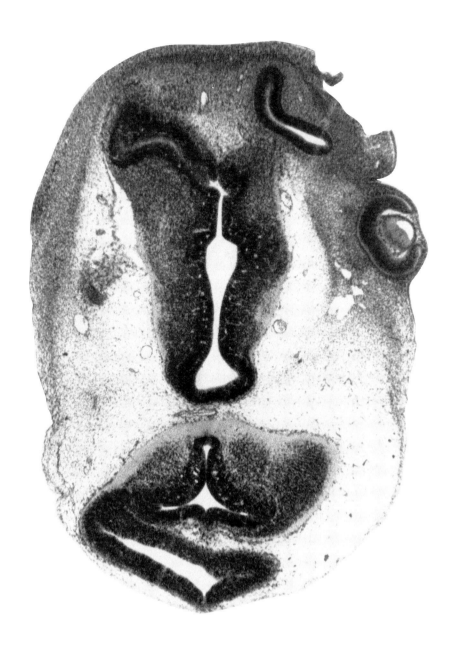

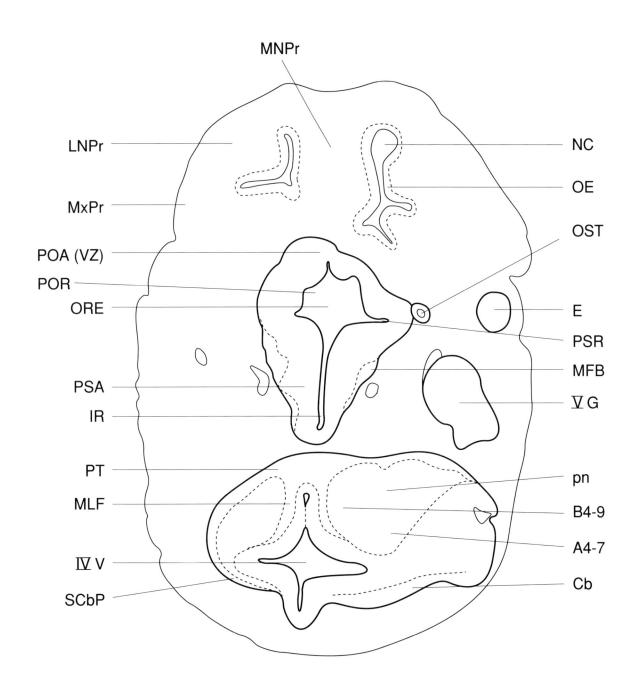

GD 12 HOR. 7

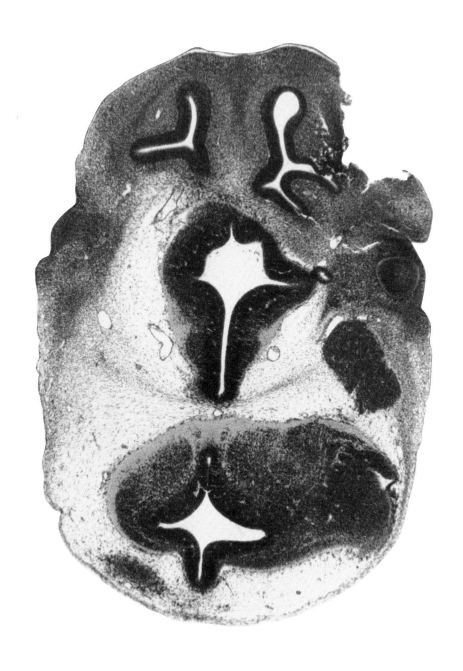

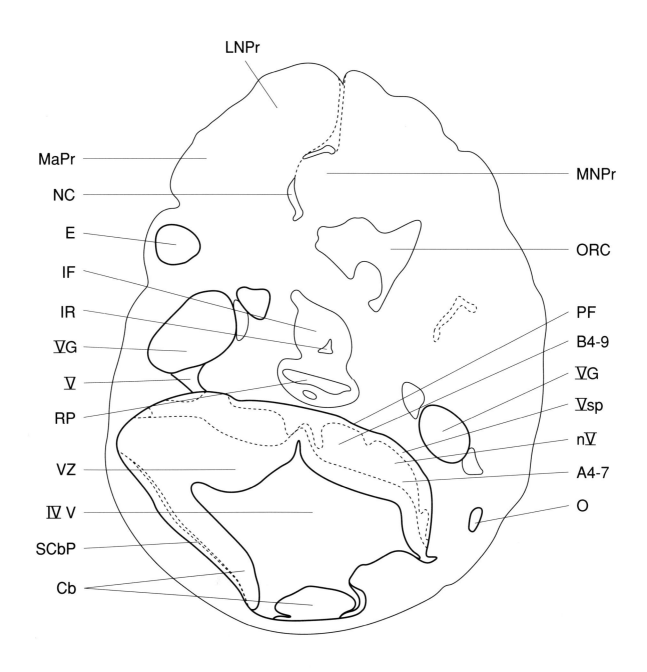

GD 12 HOR. 8

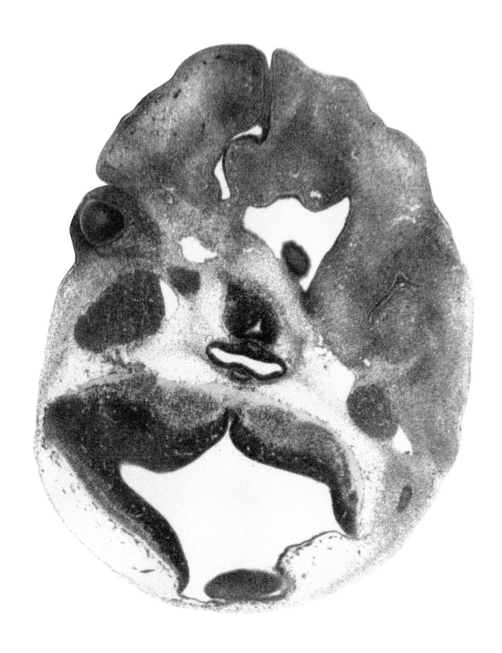

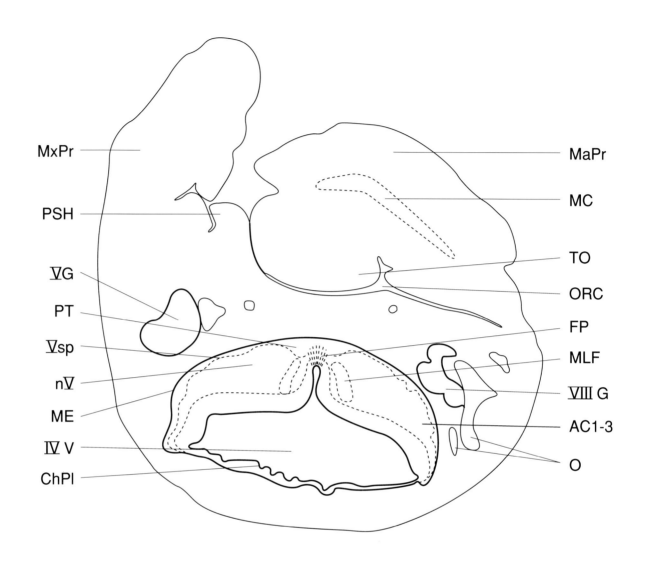

GD 12 HOR. 9

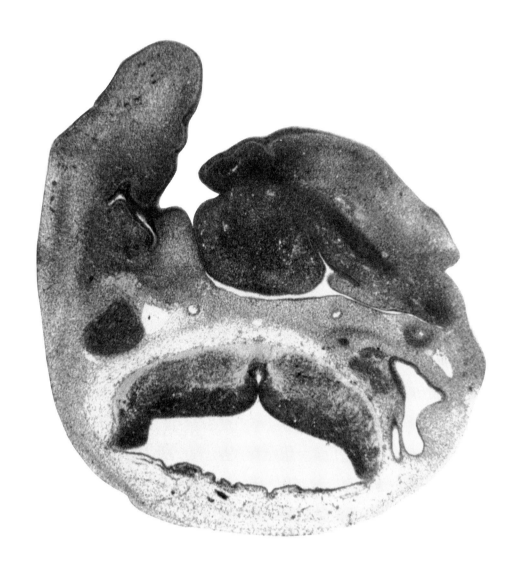

GESTATIONAL DAY 14 (GD 14)

GD 14 SAGITTAL SECTIONS

GD 14 SAG. 1

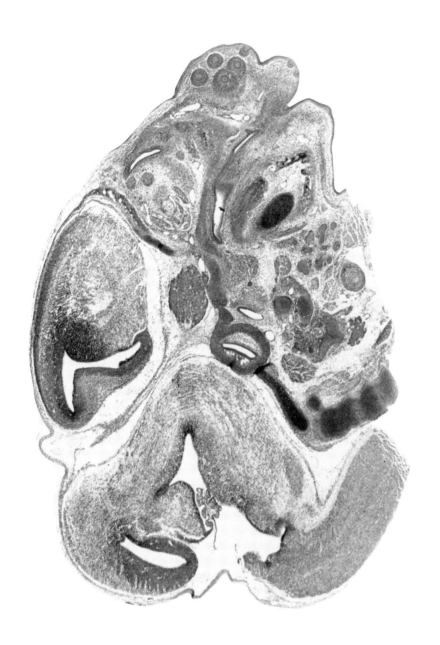

75

GD 14 SAG. 2

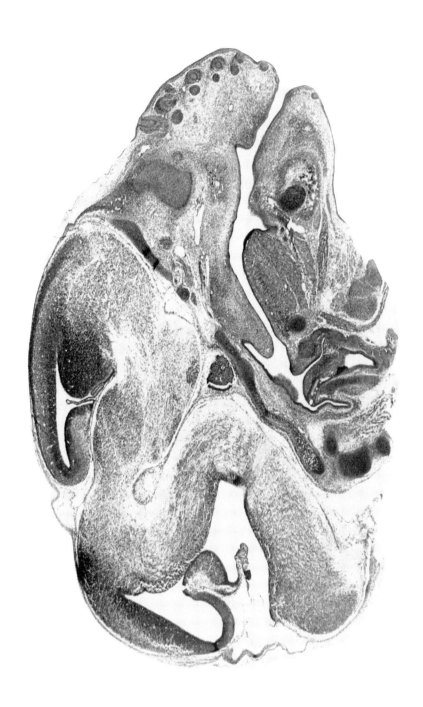

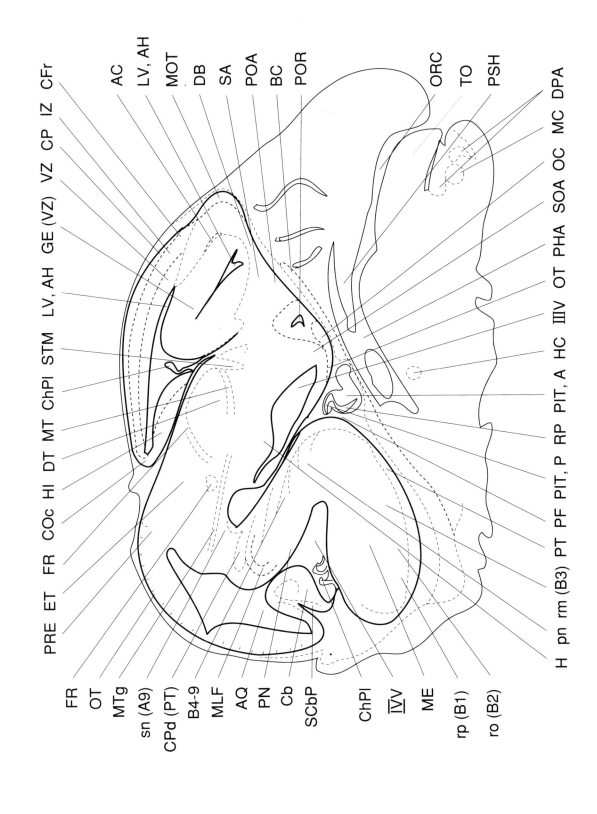

GD 14 SAG. 3

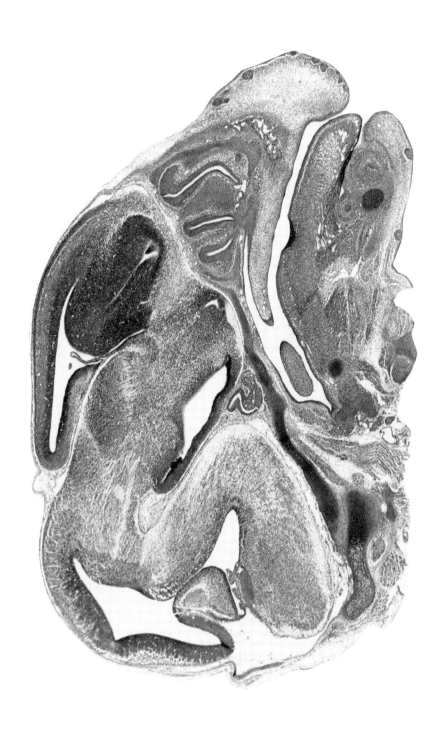

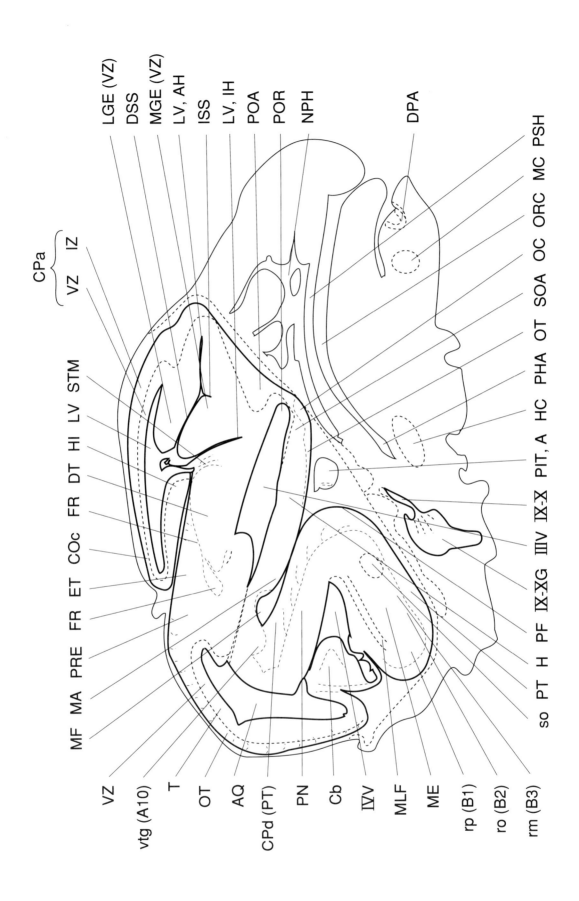

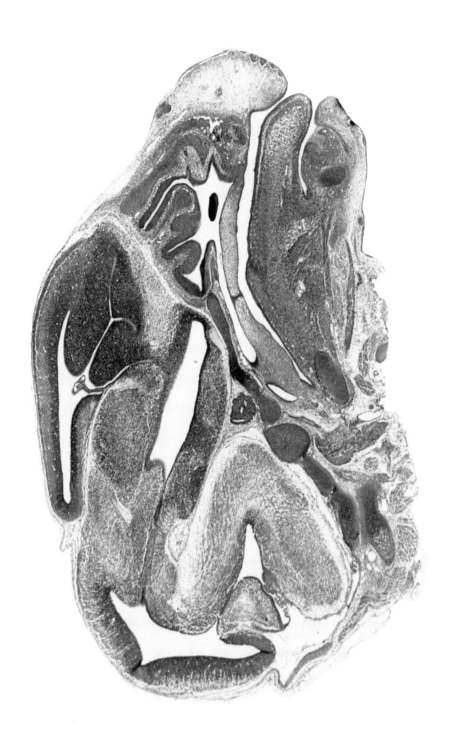

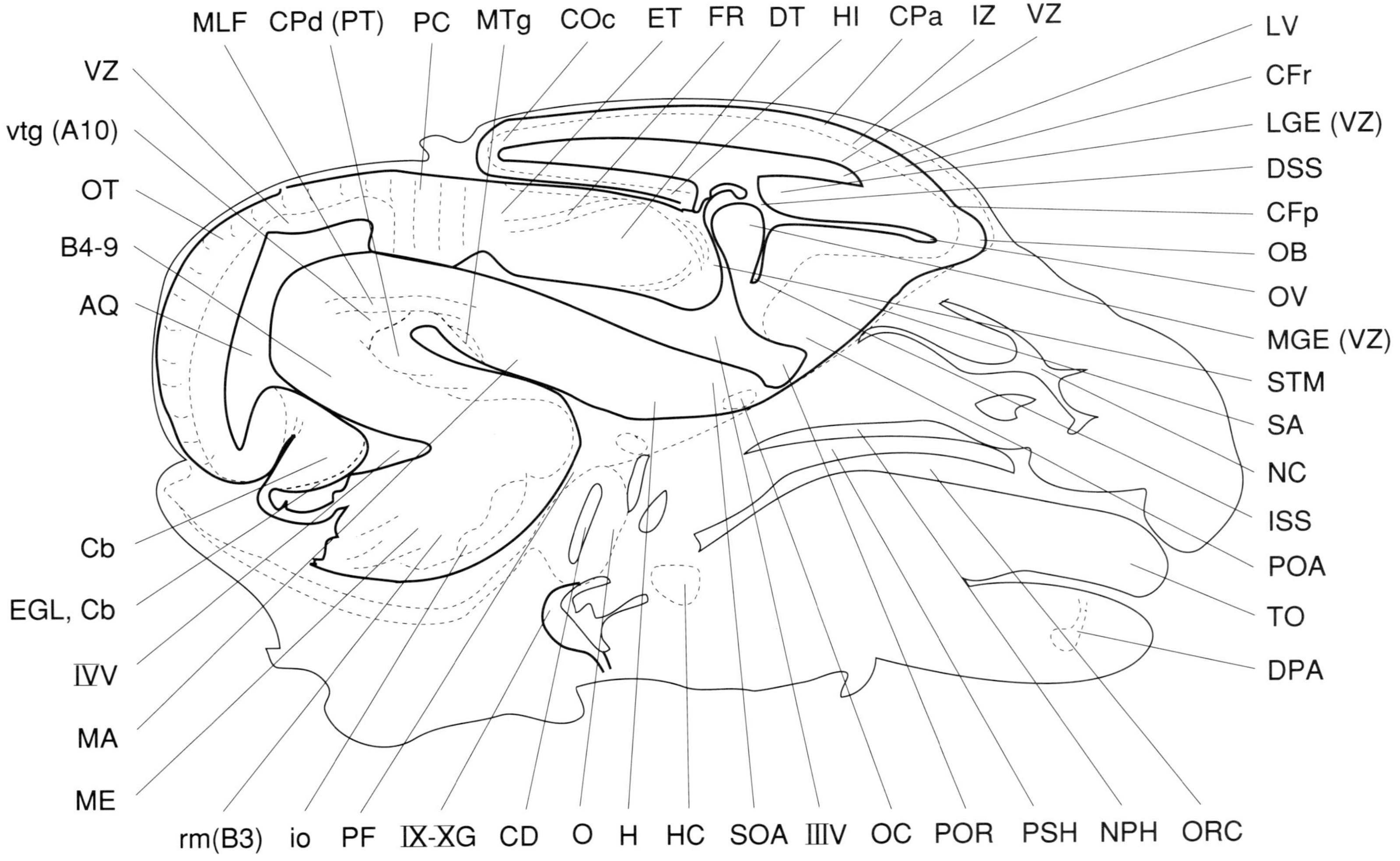

VZ
vtg (A10)
OT
B4-9
AQ

Cb
EGL, Cb
IVV
MA
ME

MLF CPd(PT) PC MTg COc ET FR DT HI CPa IZ VZ

LV
CFr
LGE (VZ)
DSS
CFp
OB
OV
MGE (VZ)
STM
SA
NC
ISS
POA
TO
DPA

rrm(B3) io PF IX-XG CD O H HC SOA IIIV OC POR PSH NPH ORC

GD 14 SAG. 5

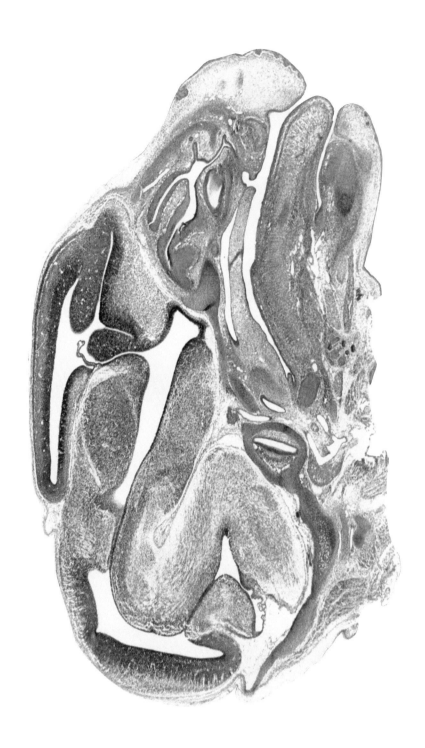

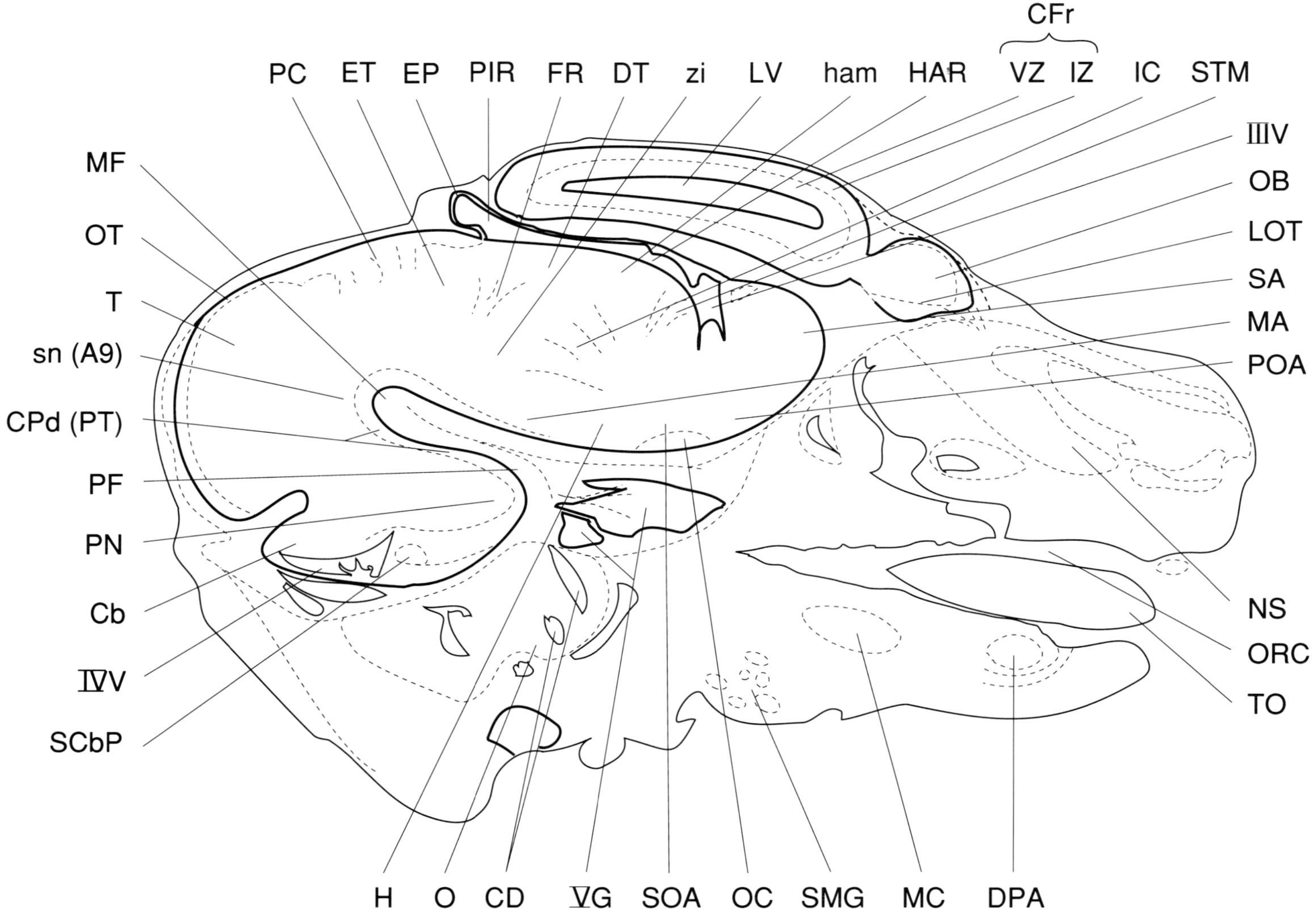

MF
OT
T
sn (A9)
CPd (PT)
PF
PN
Cb
IVV
SCbP

PC ET EP PIR FR DT zi LV ham HAR CFr{ VZ IZ IIIV OB LOT SA MA POA
STM IC

H O CD VG SOA OC SMG MC DPA
NS ORC TO

GD 14 SAG. 6

84

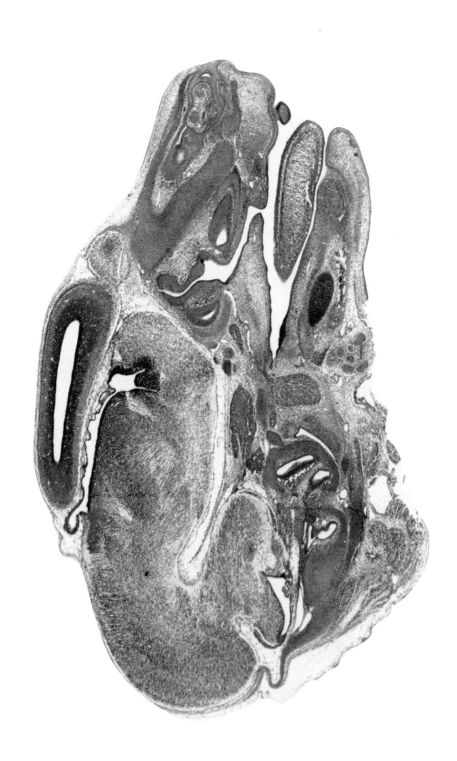

GD 14 SAG. 7

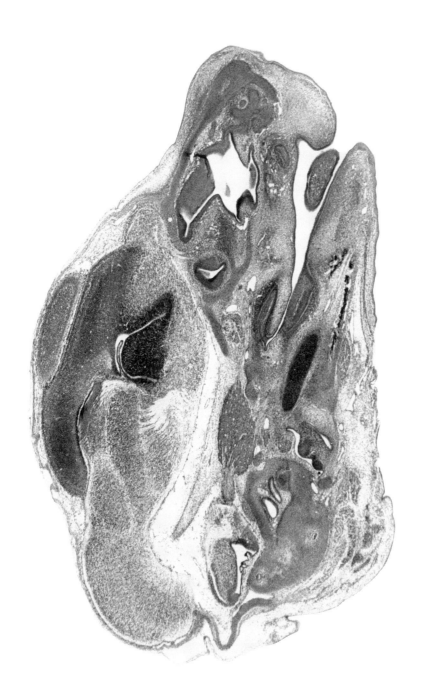

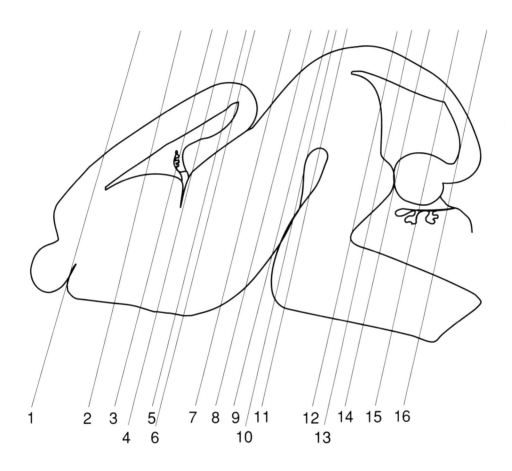

GD 14 CORONAL SECTIONS

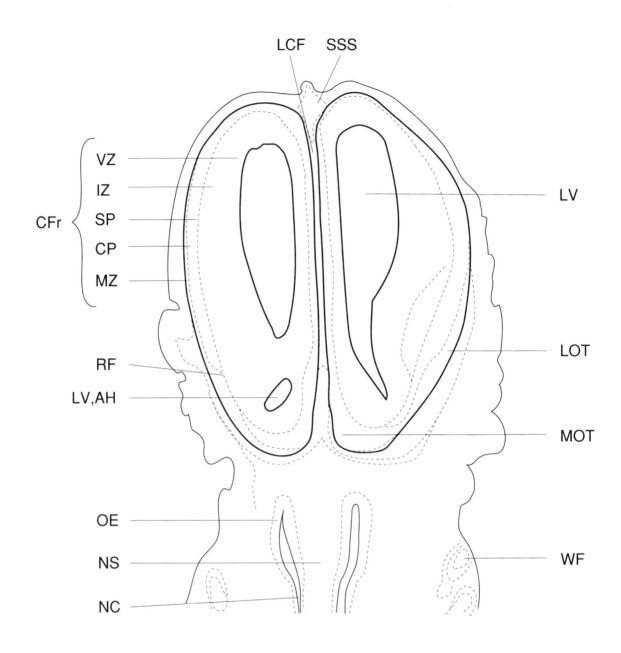

GD 14 COR. 1

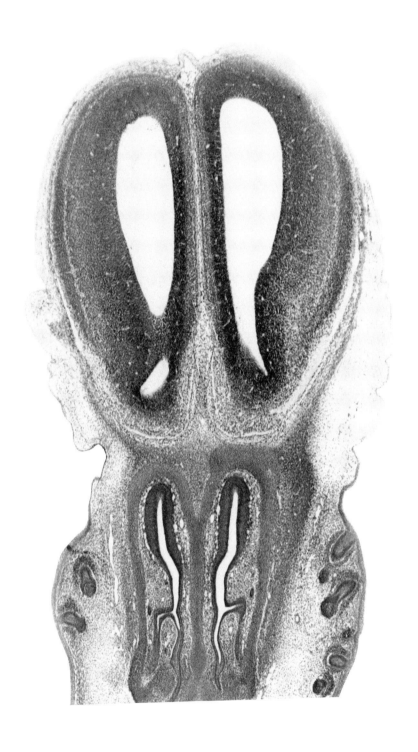

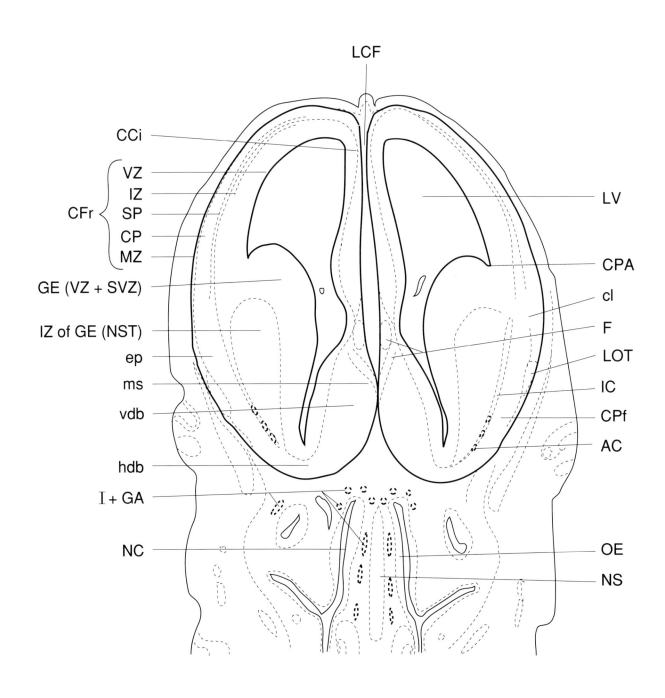

GD 14 COR. 2

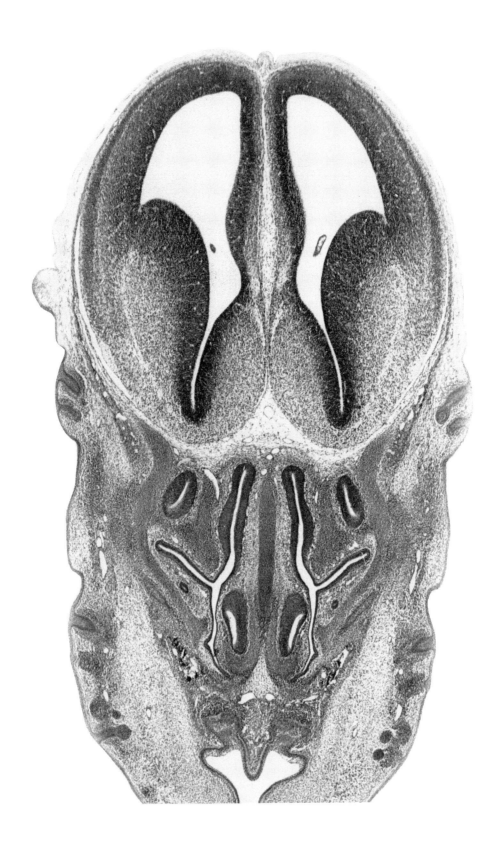

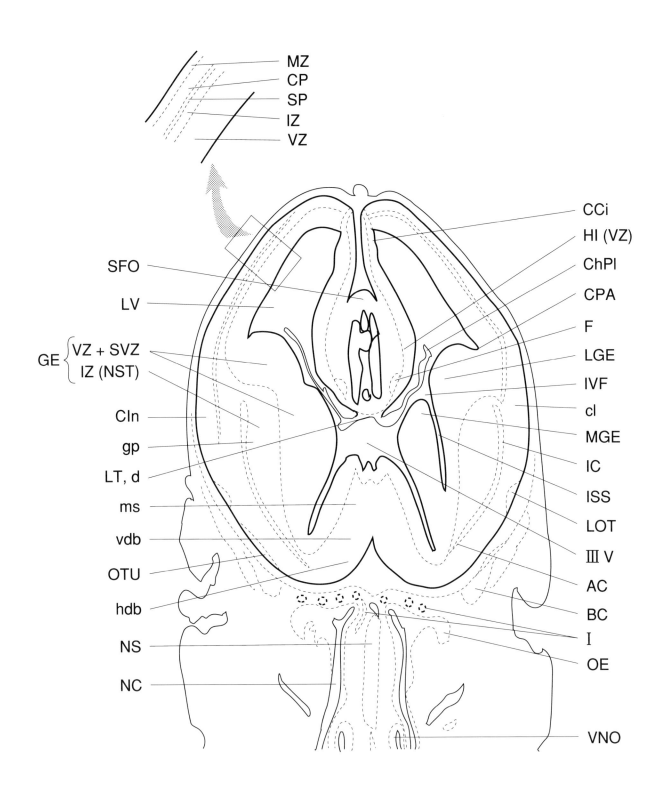

GD 14 COR. 3

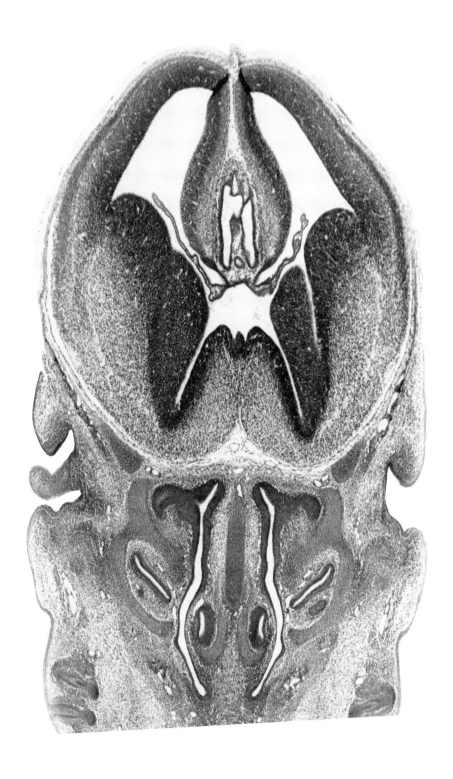

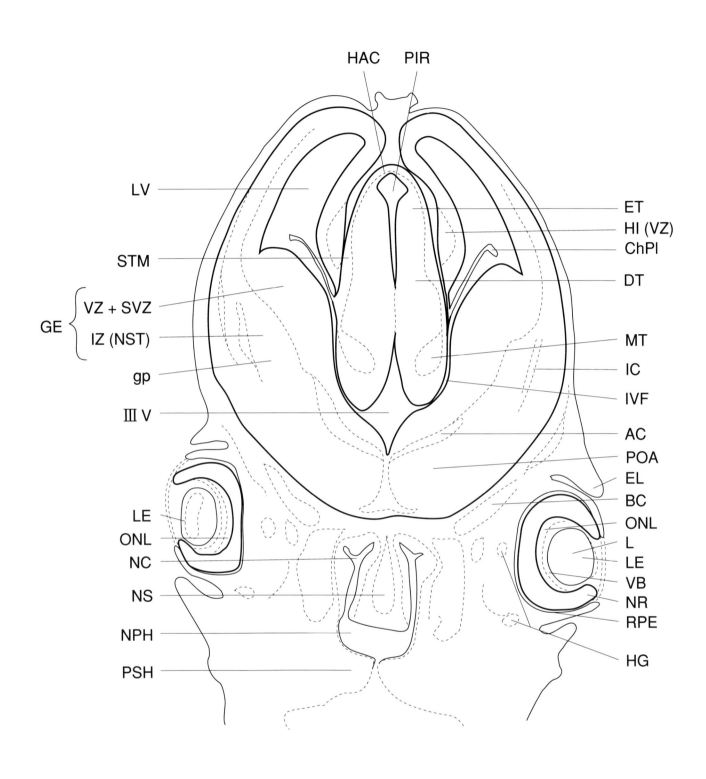

GD 14 COR. 4

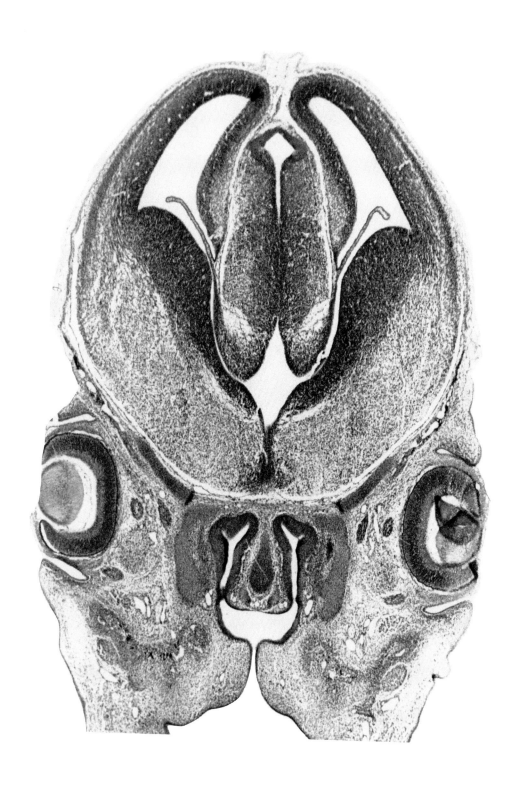

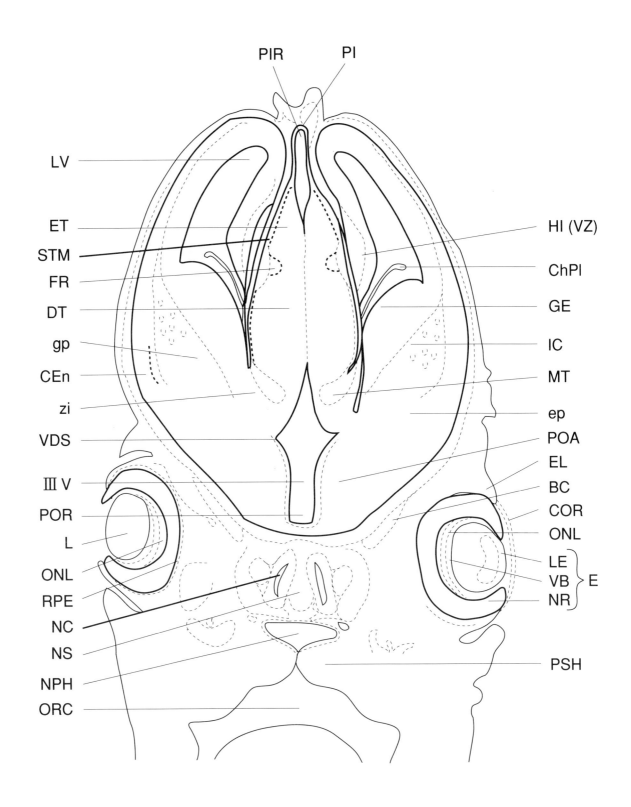

GD 14 COR. 5

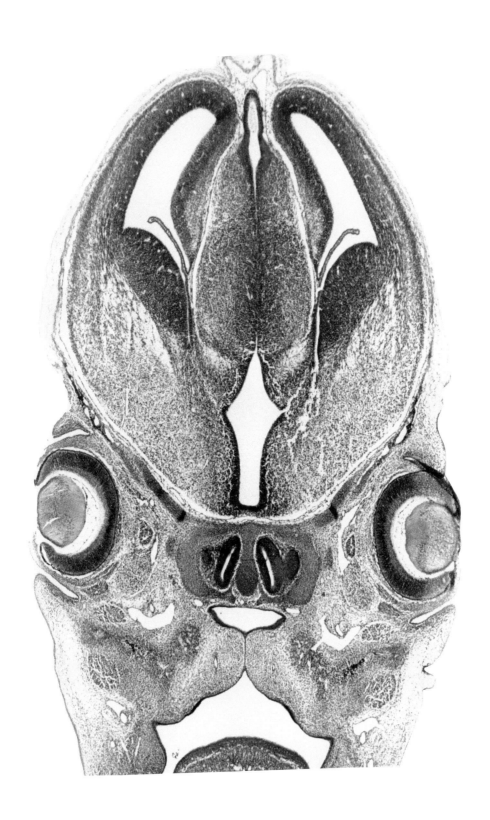

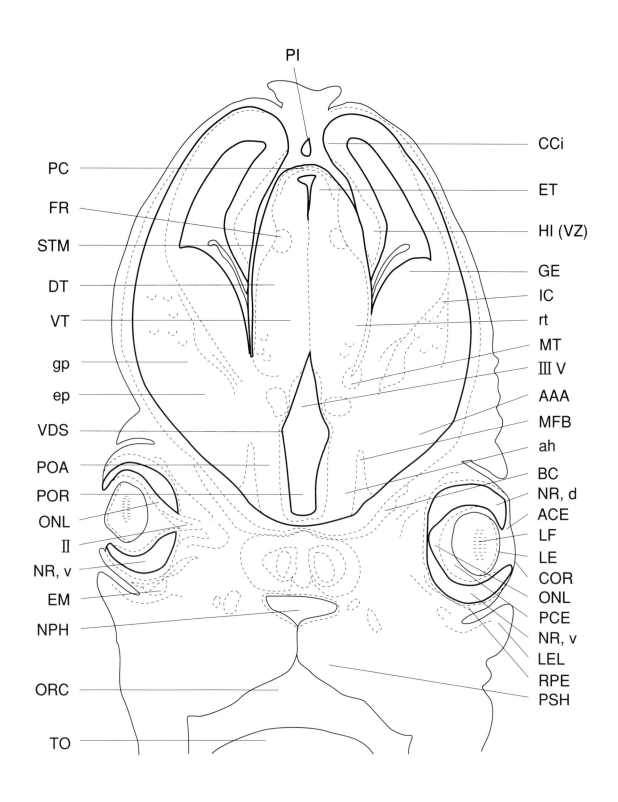

GD 14 COR. 6

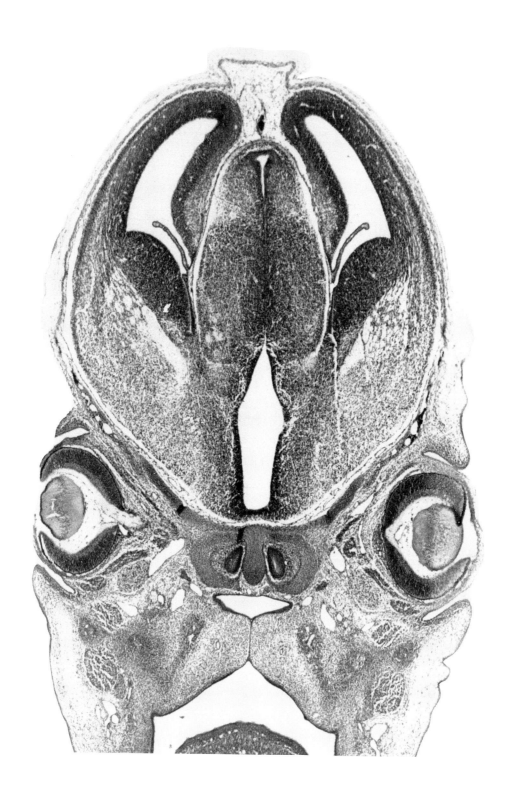

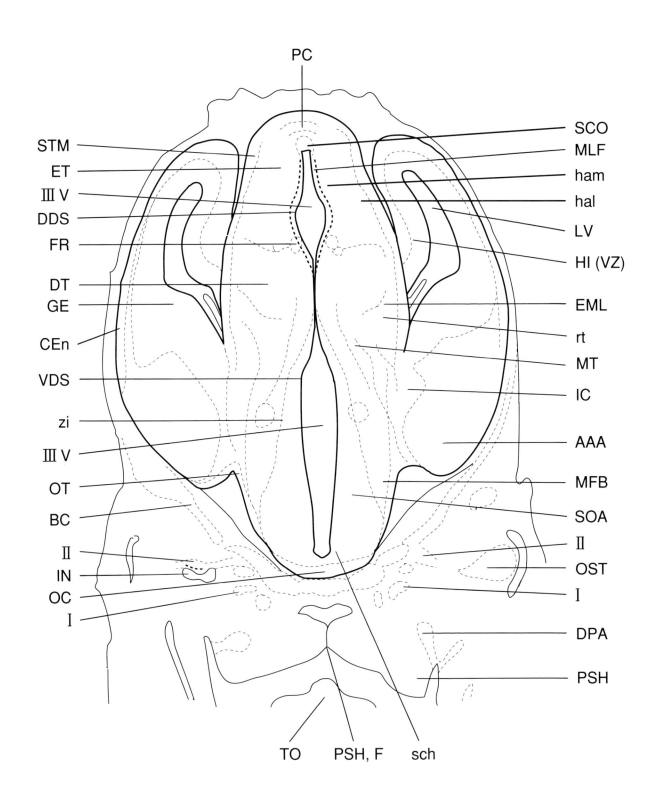

GD 14 COR. 7

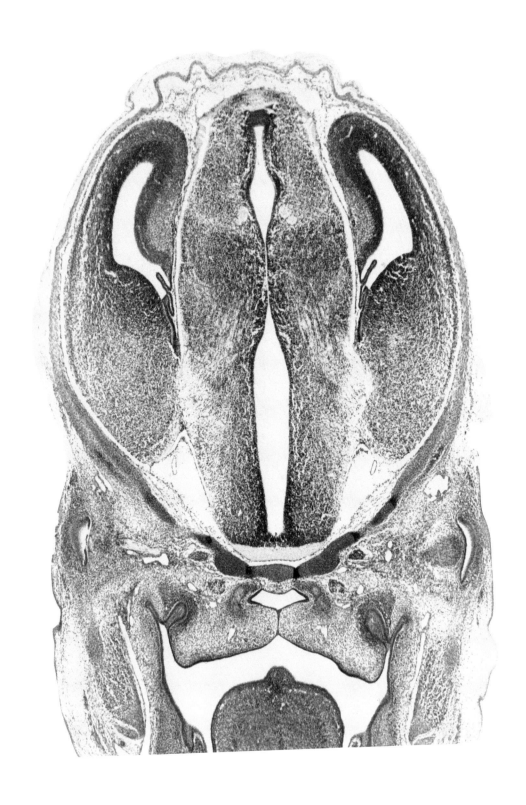

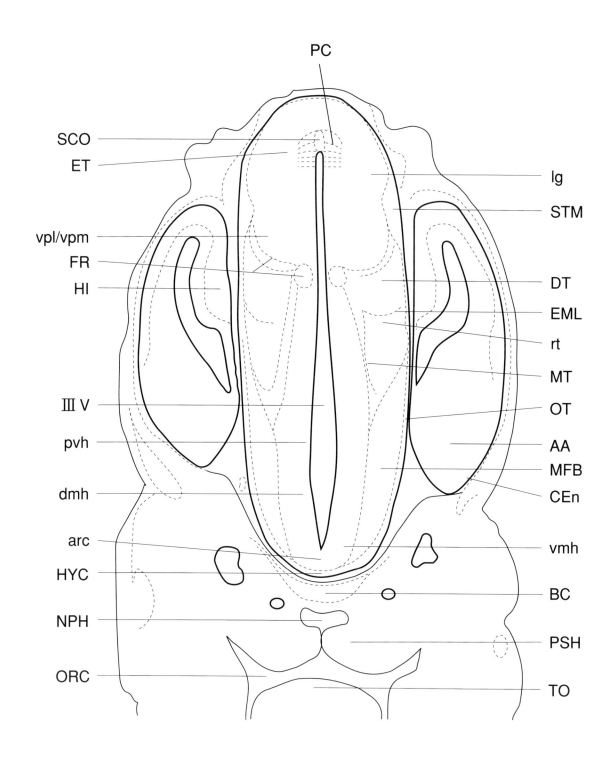

GD 14 COR. 8

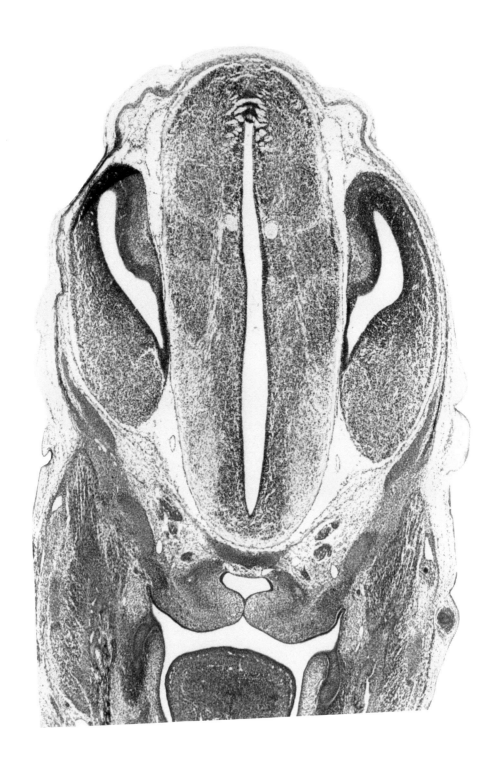

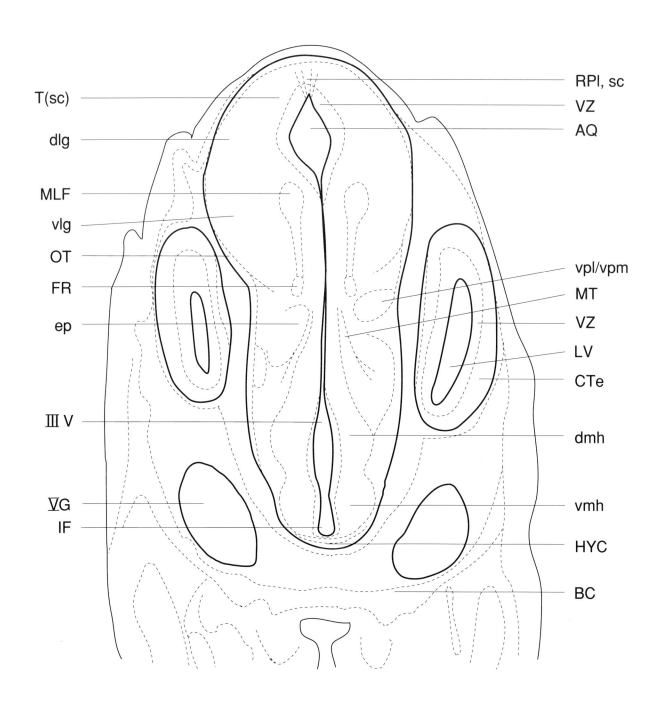

GD 14 COR. 9

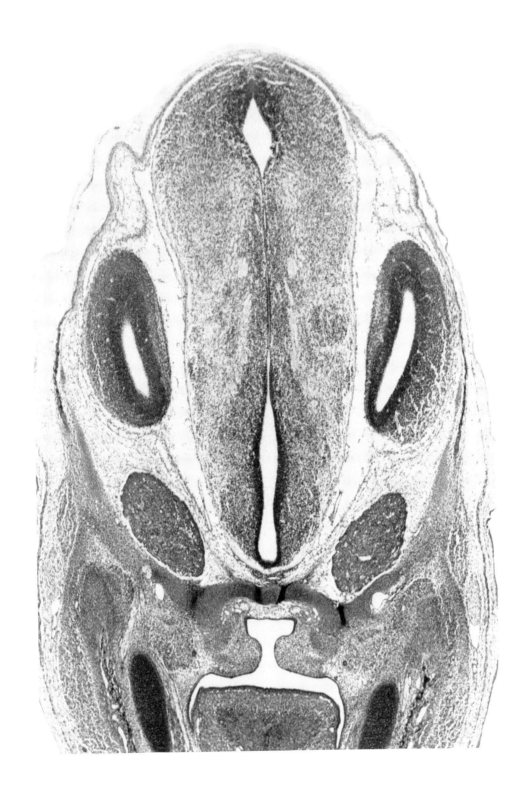

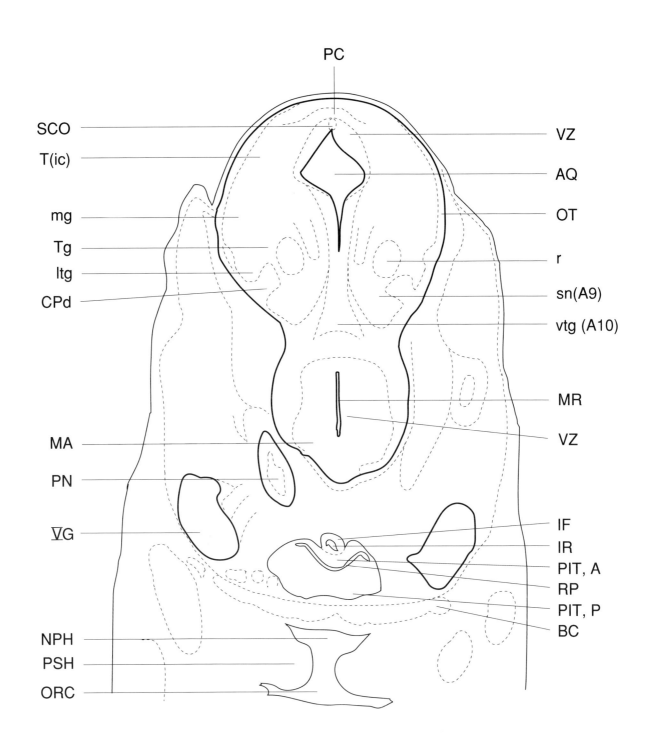

GD 14 COR. 10

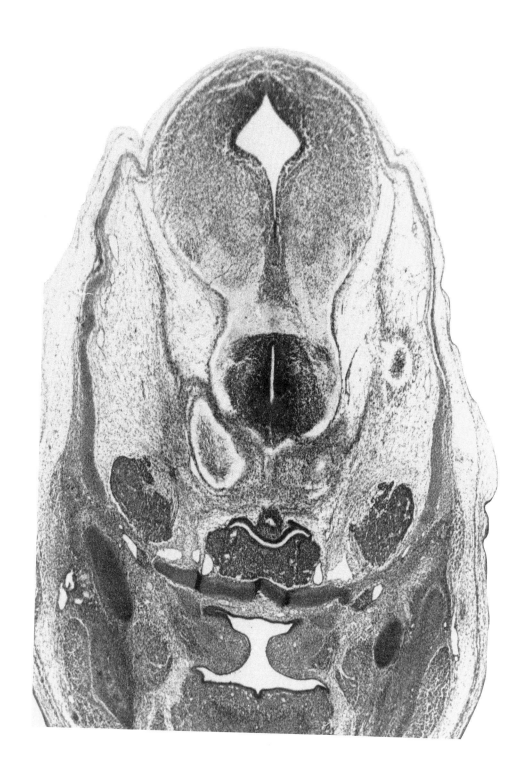

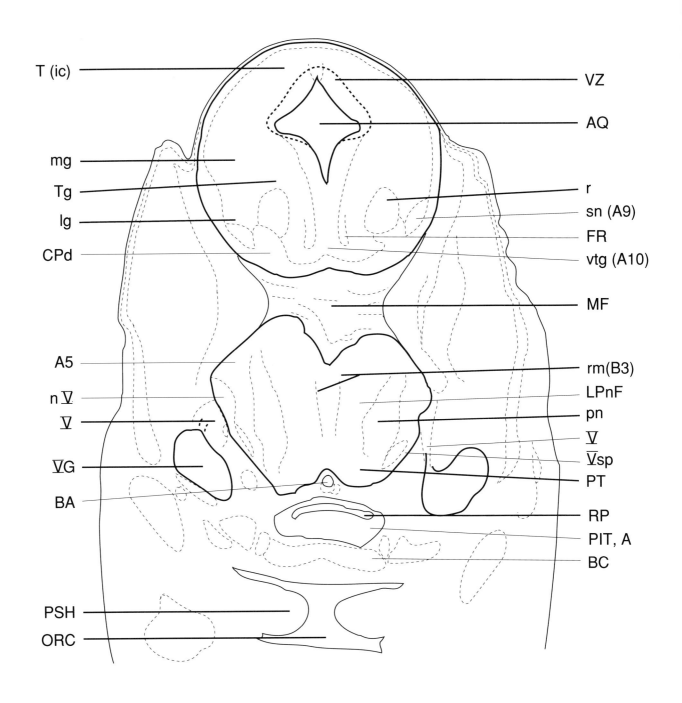

GD 14 COR. 11

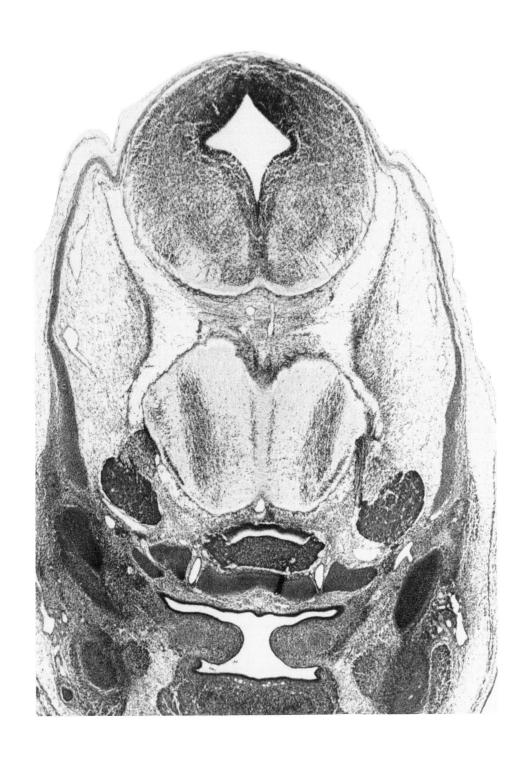

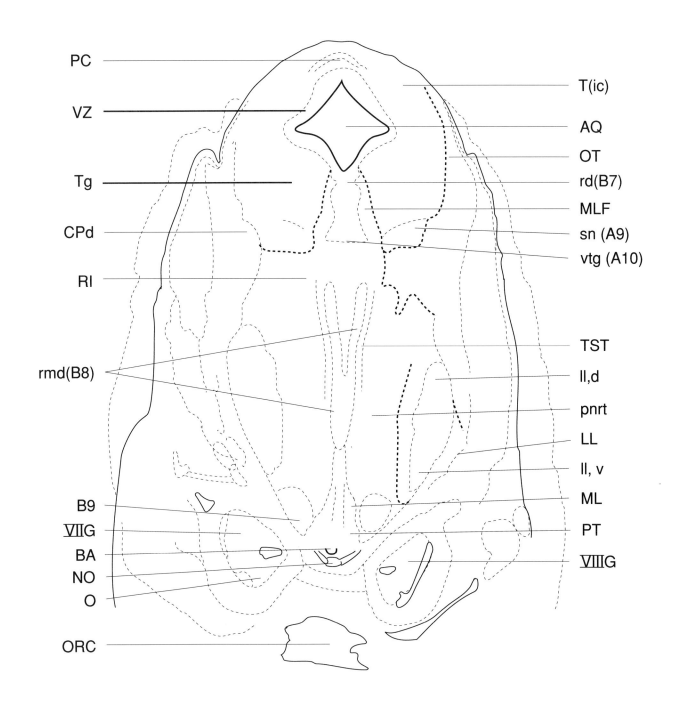

GD 14 COR. 12

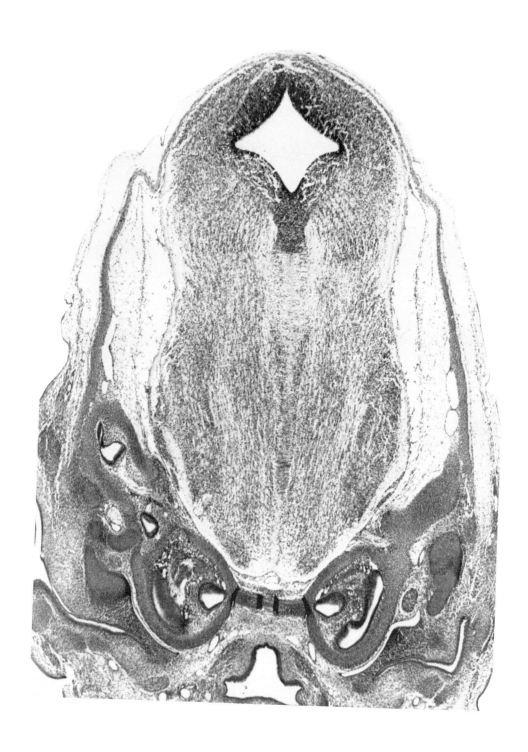

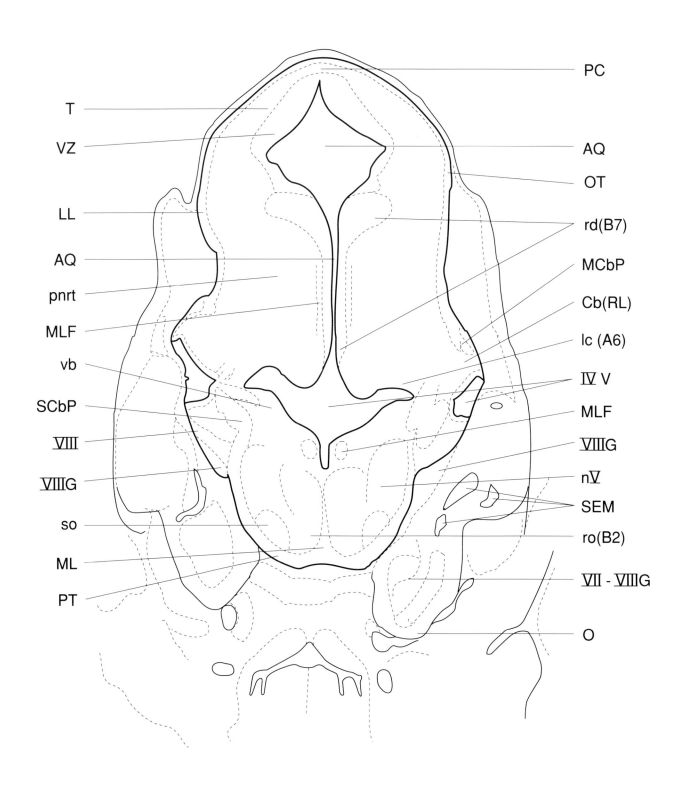

GD 14 COR. 13

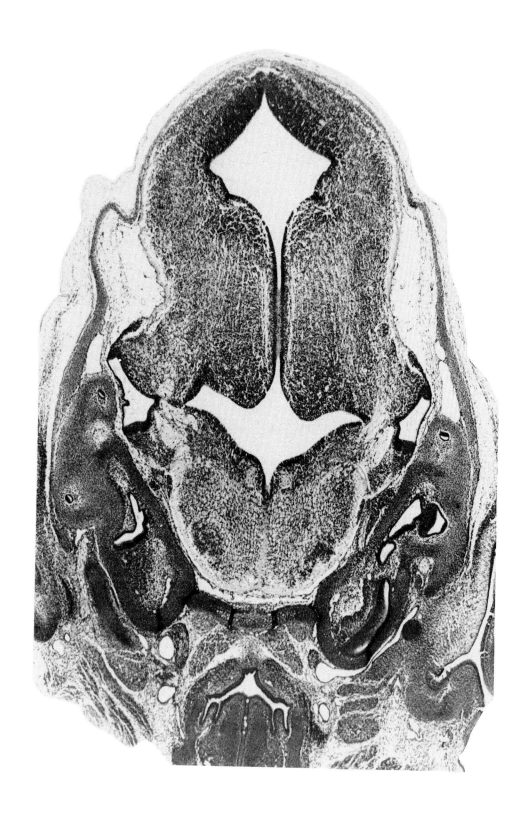

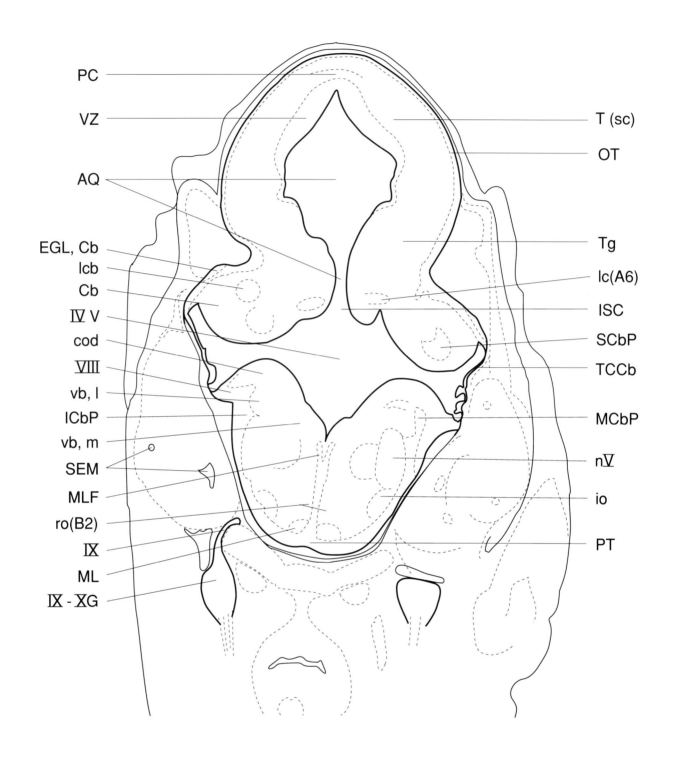

GD 14 COR. 14

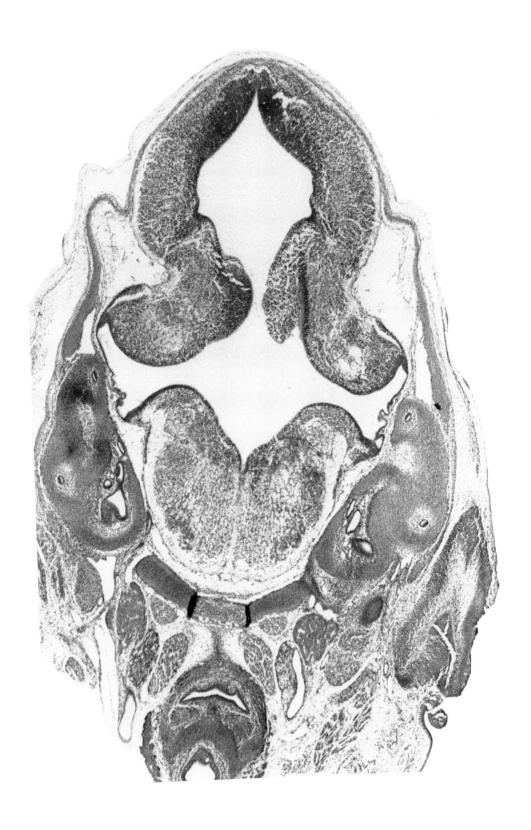

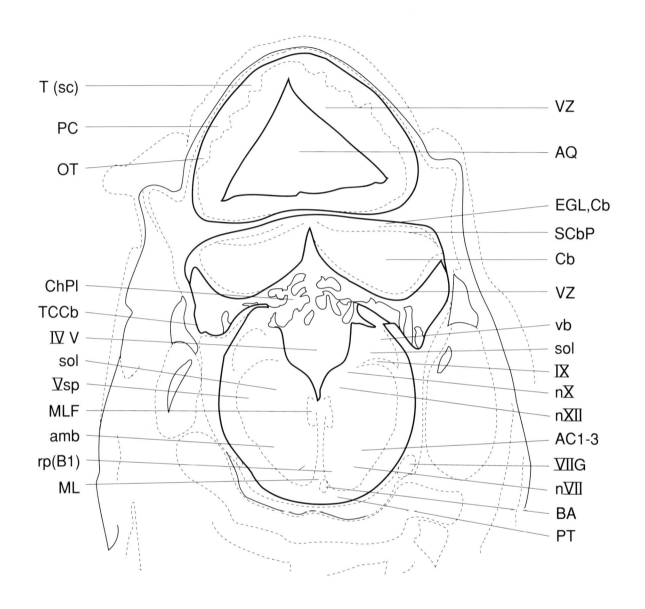

GD 14 COR. 15

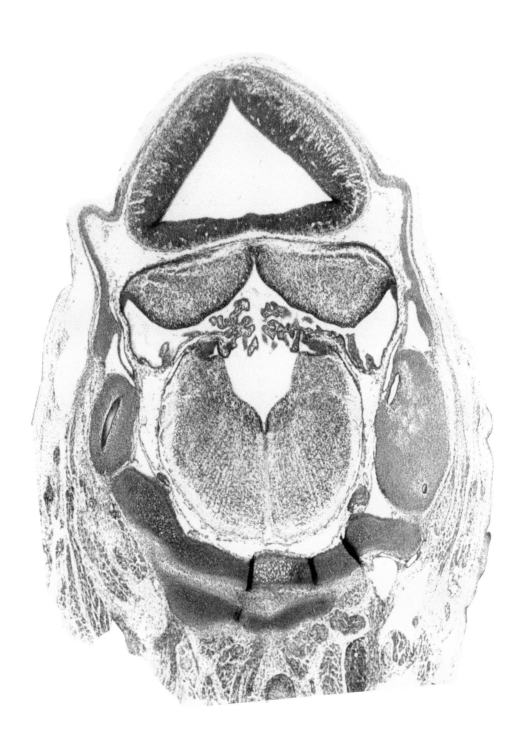

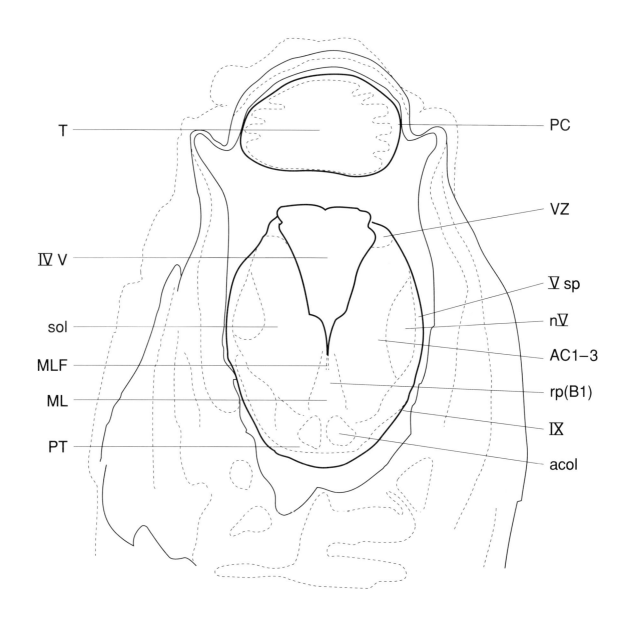

GD 14 COR. 16

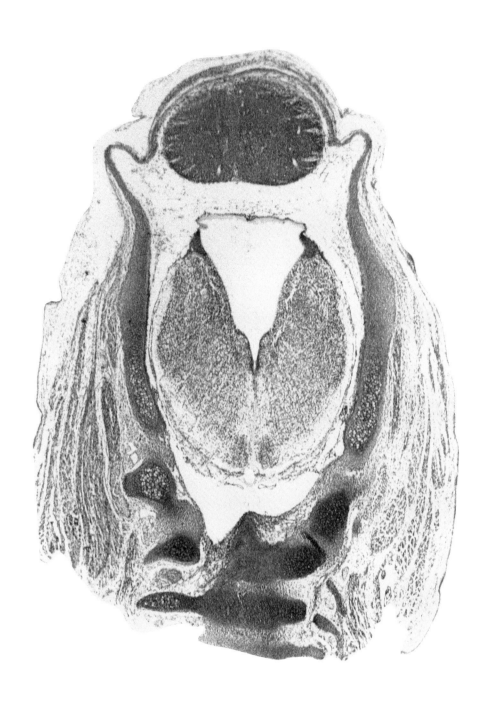

121

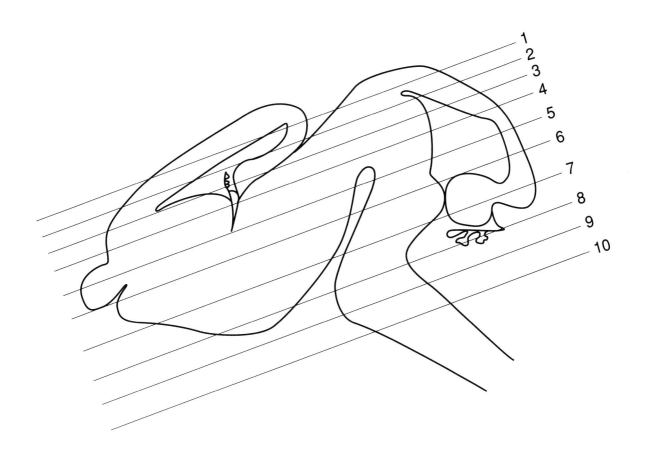

GD 14 HORIZONTAL SECTIONS

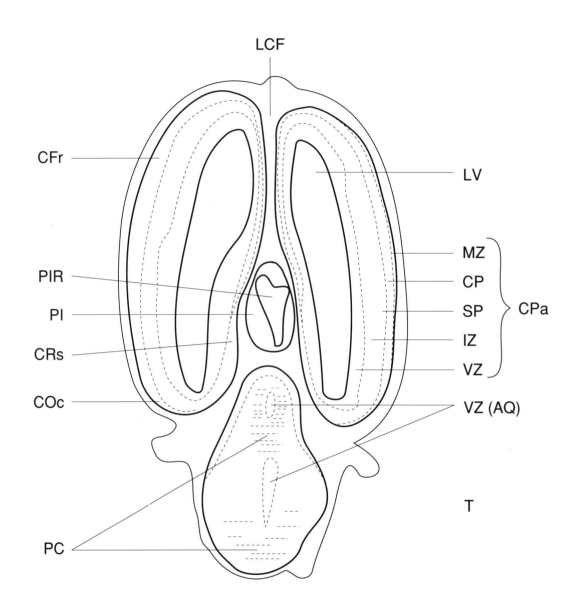

GD 14 HOR. 1

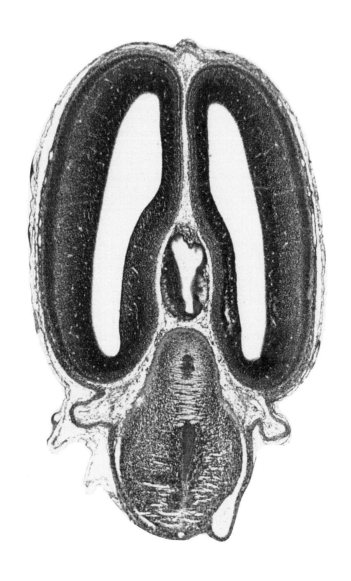

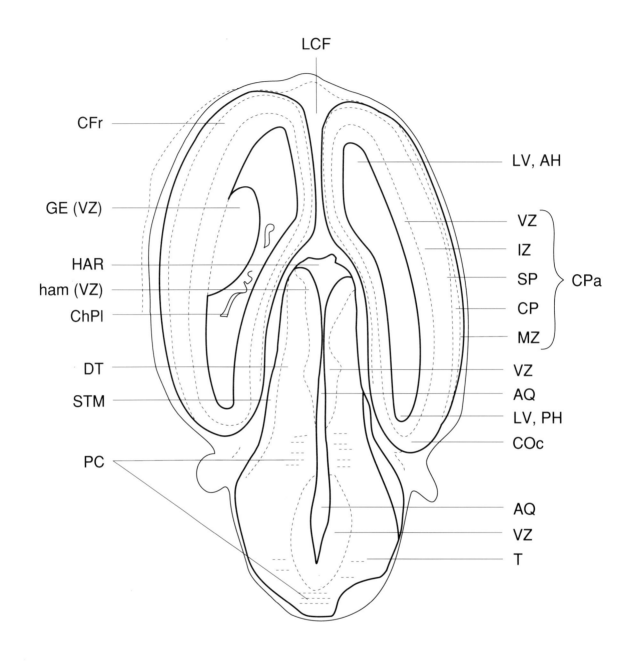

GD 14 HOR. 2

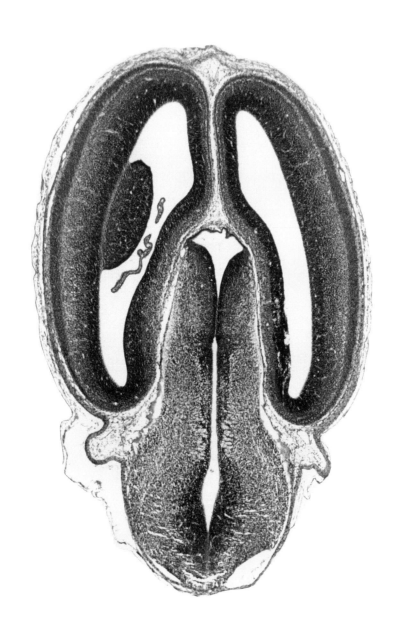

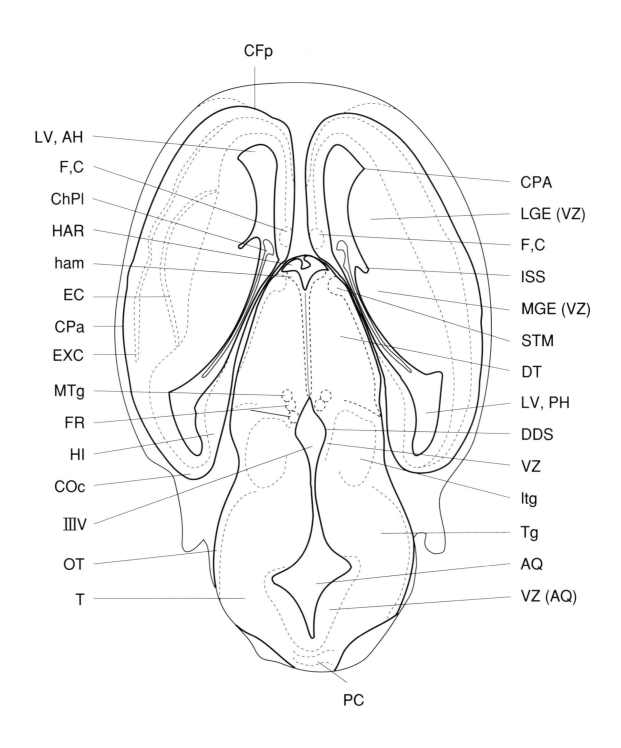

GD 14 HOR. 3

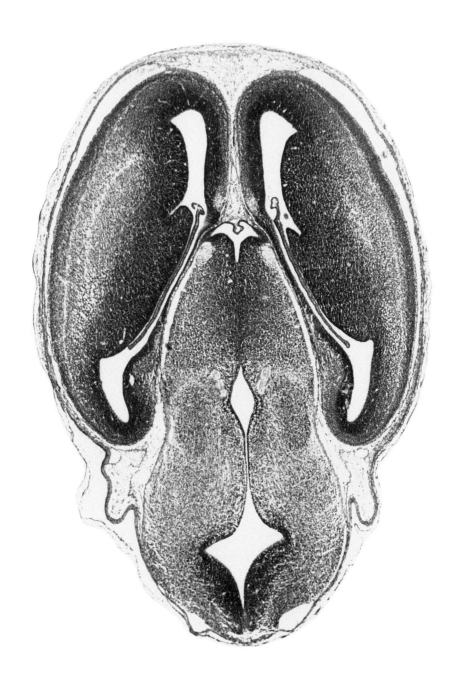

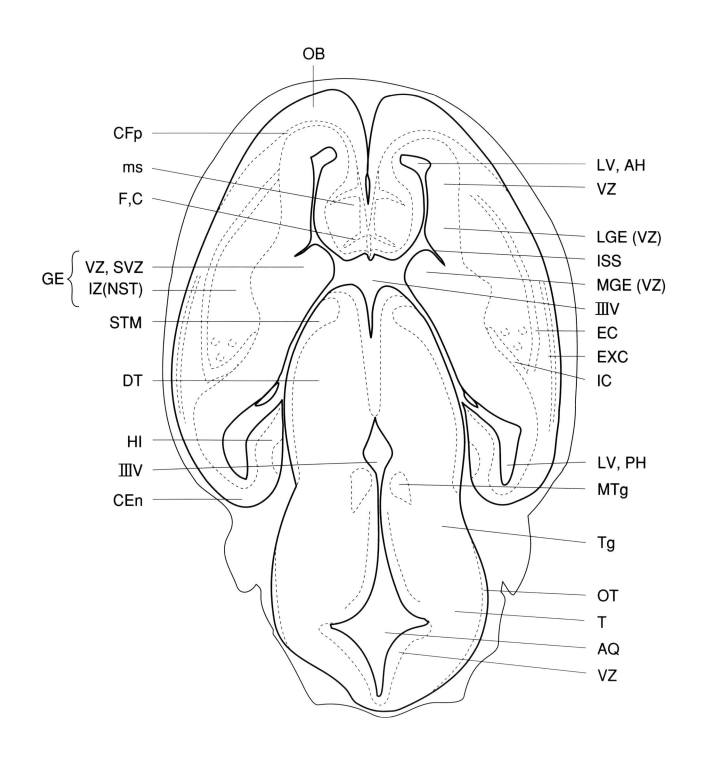

GD 14 HOR. 4

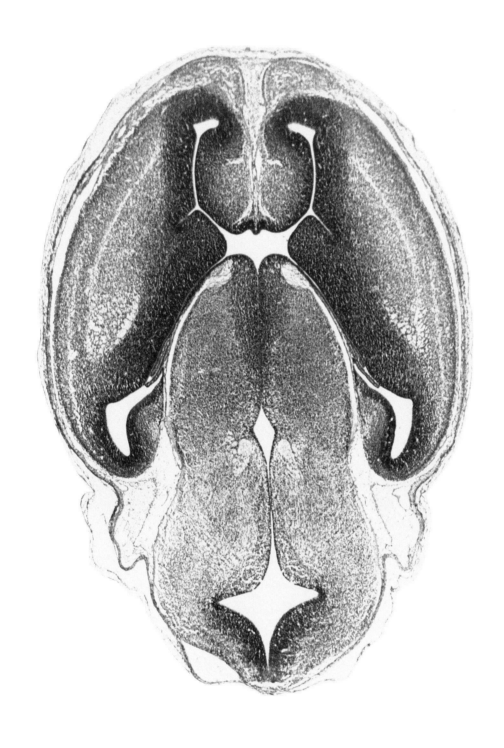

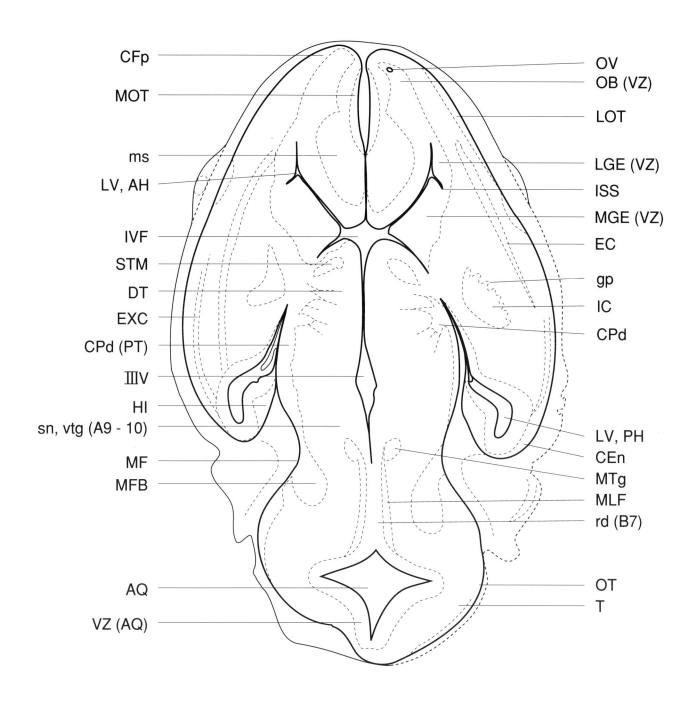

GD 14 HOR. 5

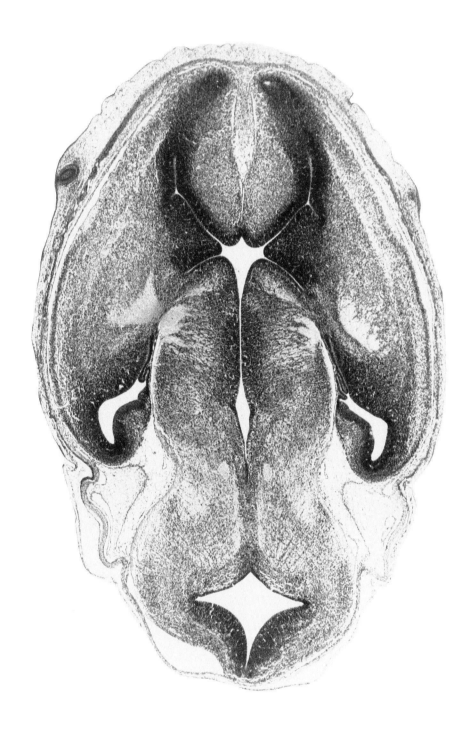

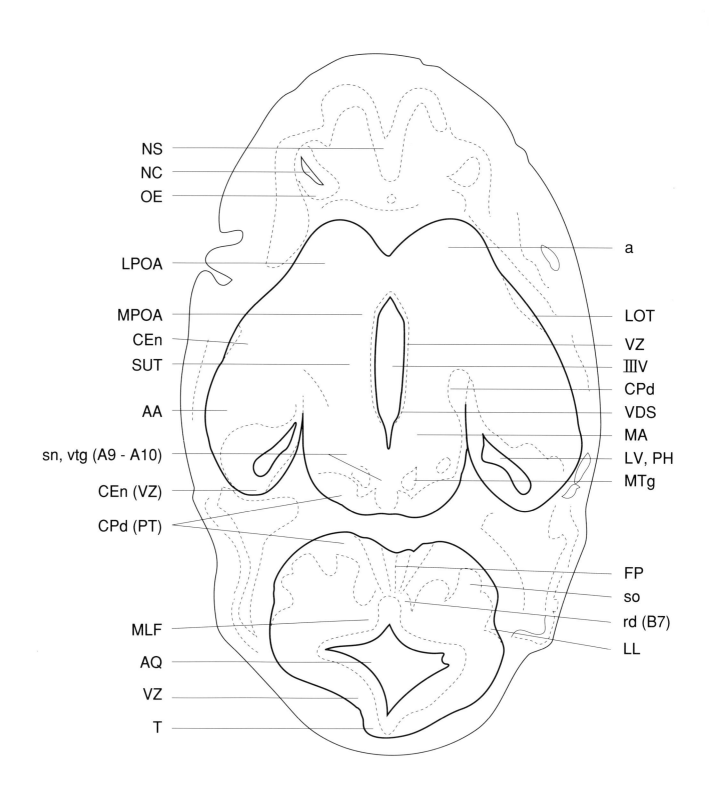

GD 14 HOR. 6

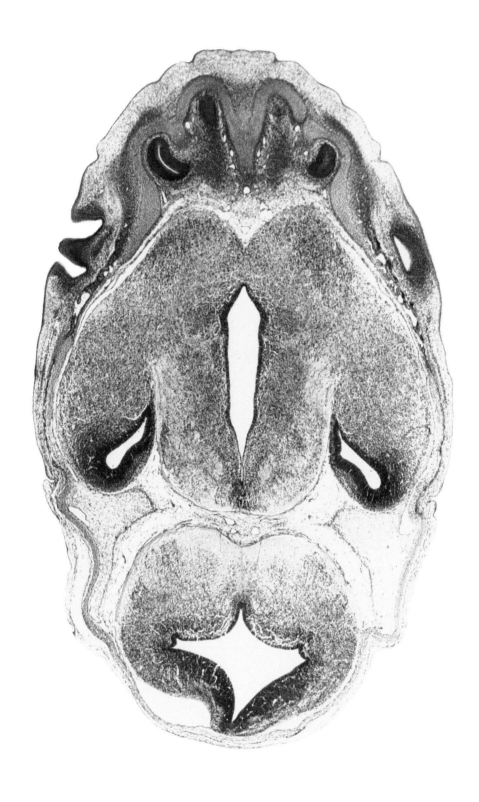

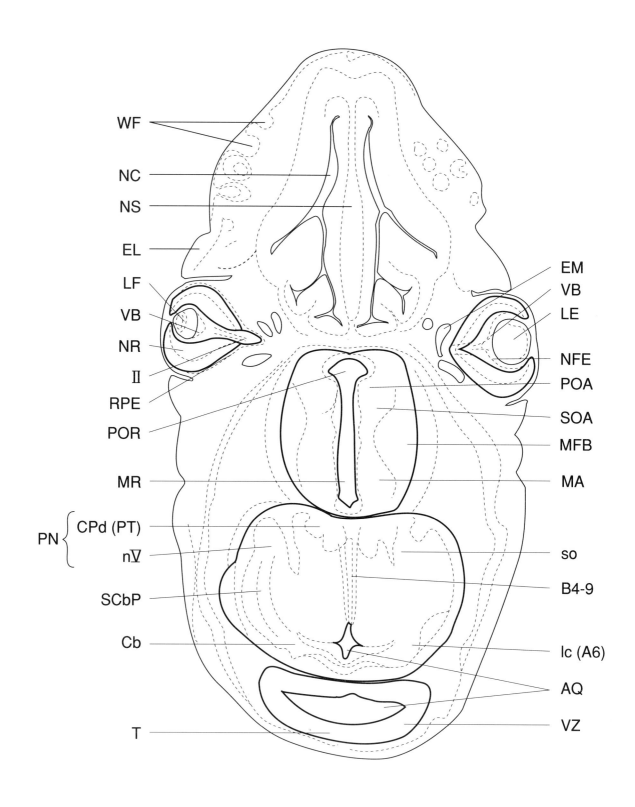

GD 14 HOR. 7

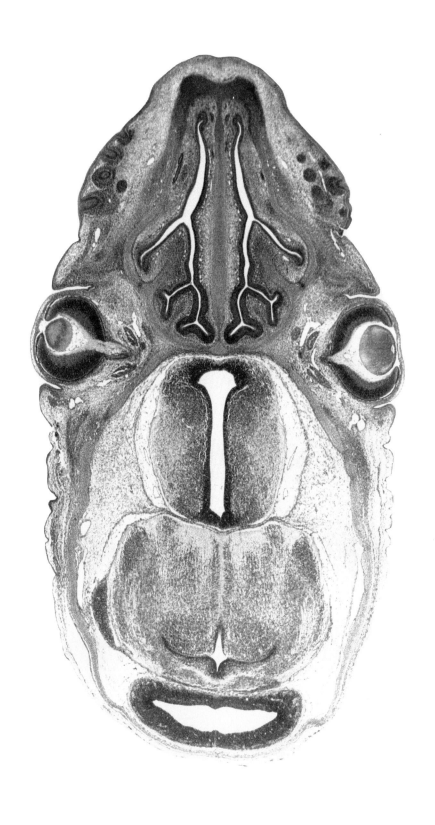

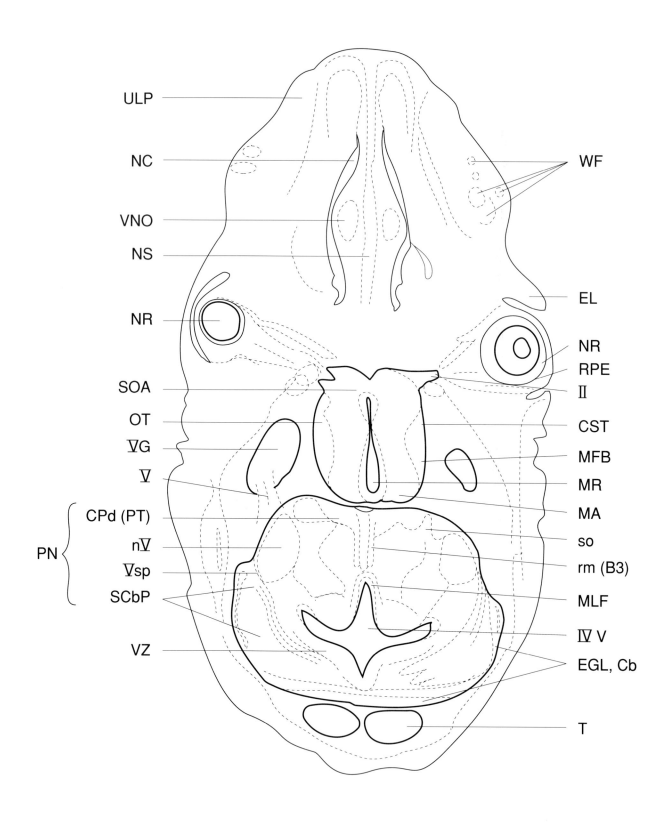

GD 14 HOR. 8

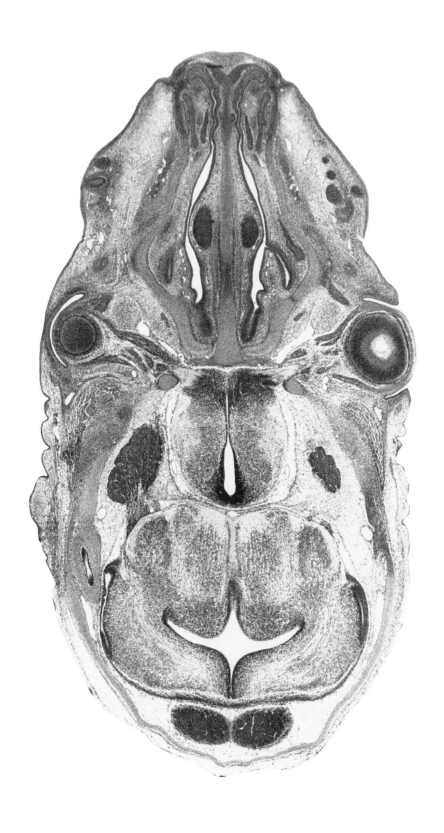

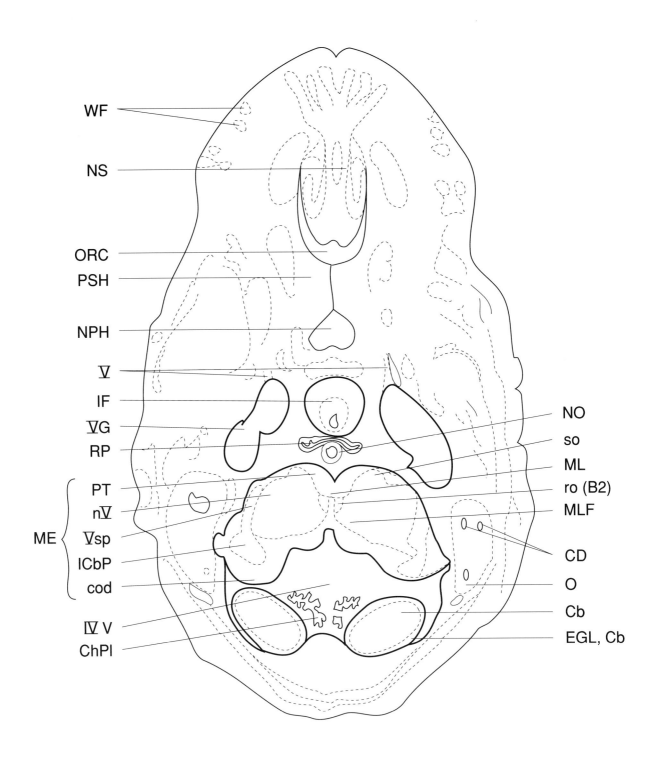

GD 14 HOR. 9

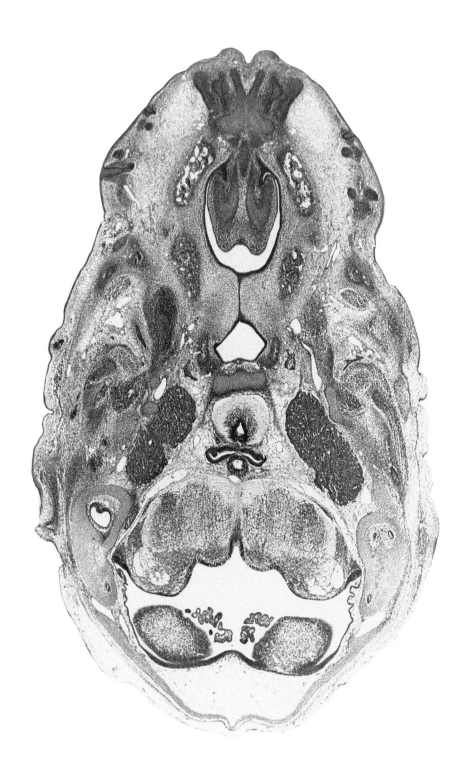

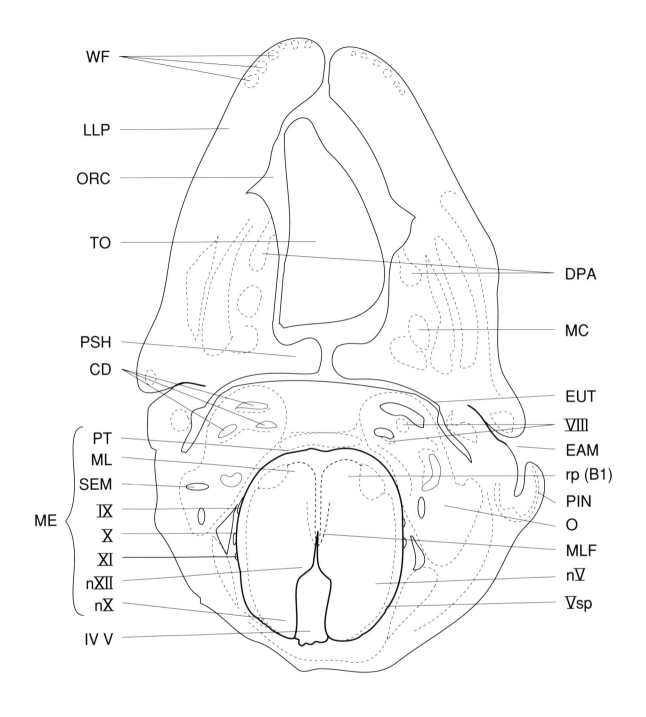

GD 14 HOR. 10

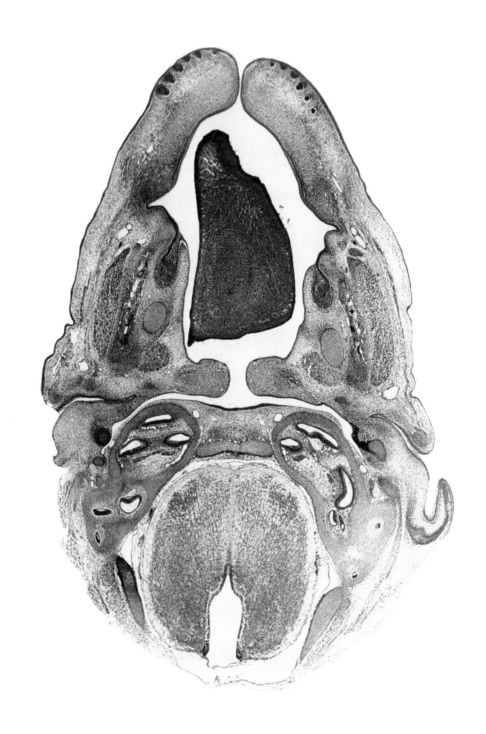

GESTATIONAL DAY 16 (GD 16)

GD 16 SAGITTAL SECTIONS

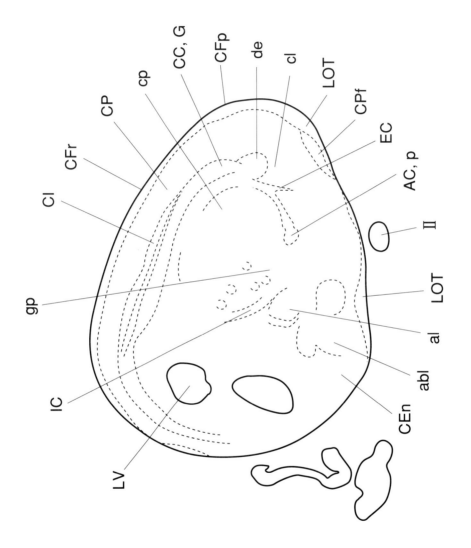

GD 16 SAG. 1

146

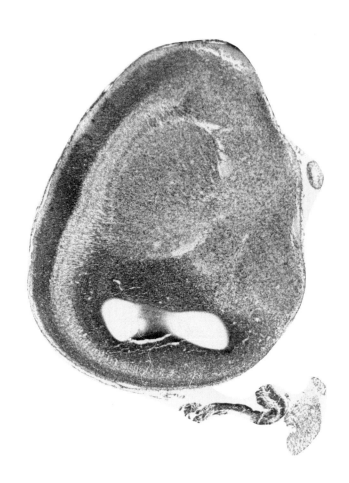

GD 16 SAG. 2

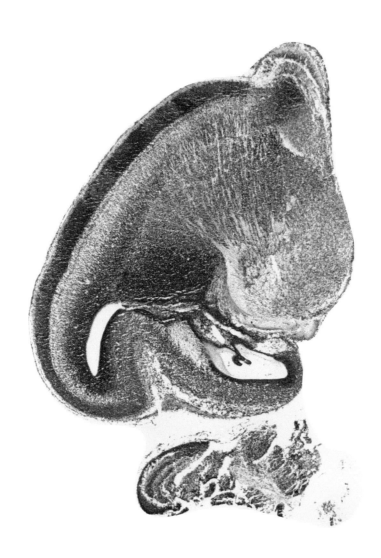

GD 16 SAG. 3

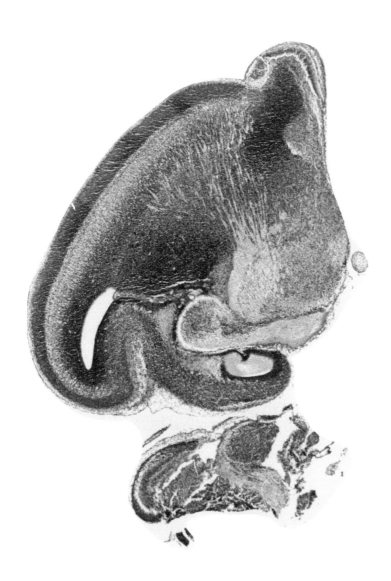

GD 16 SAG. 4

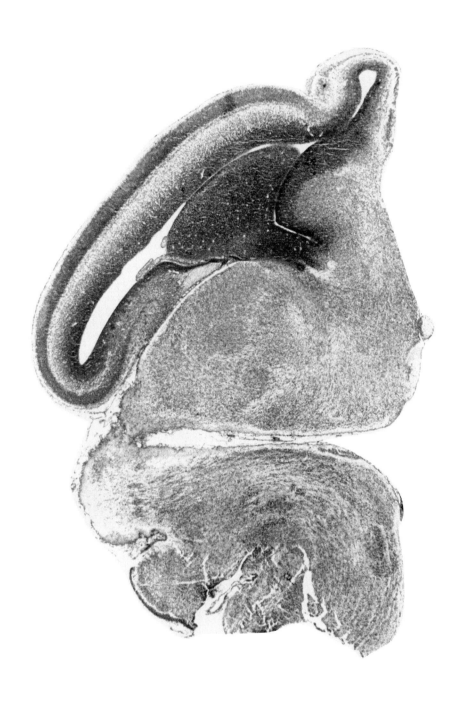

GD 16 SAG. 5

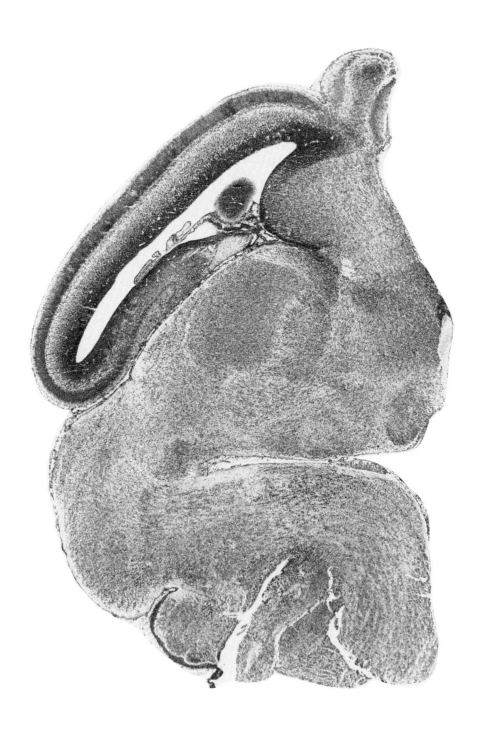

GD 16 SAG. 6

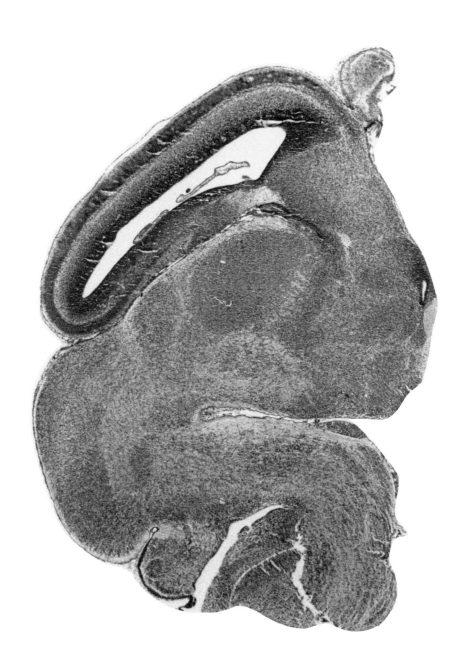

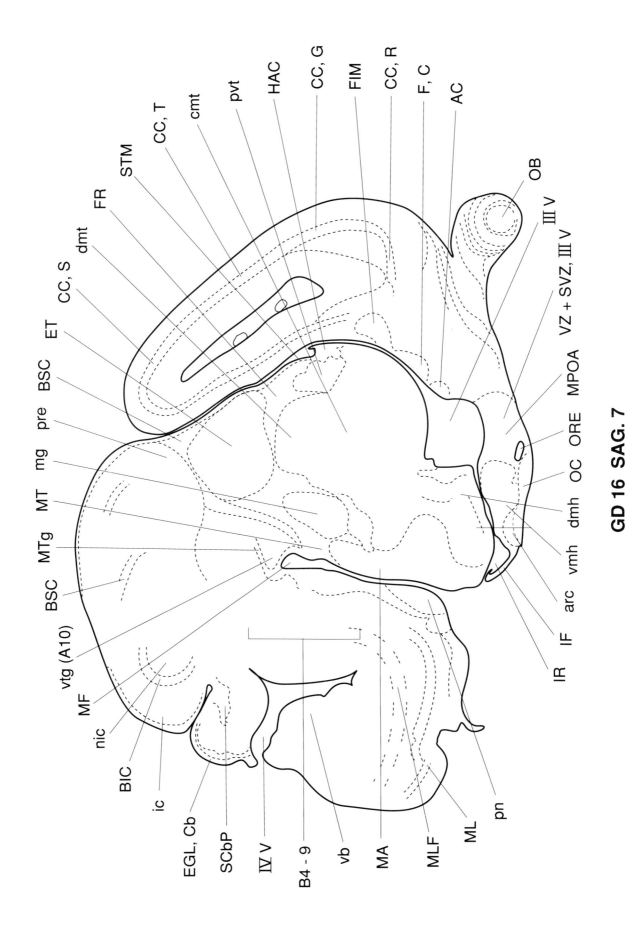

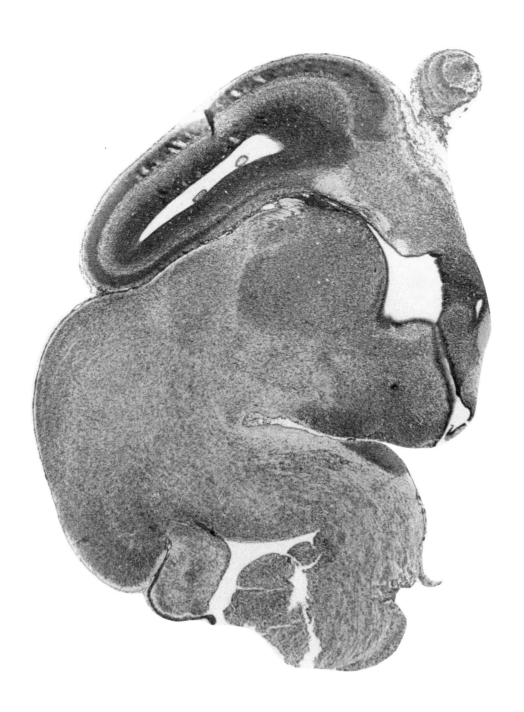

GD 16 SAG. 8

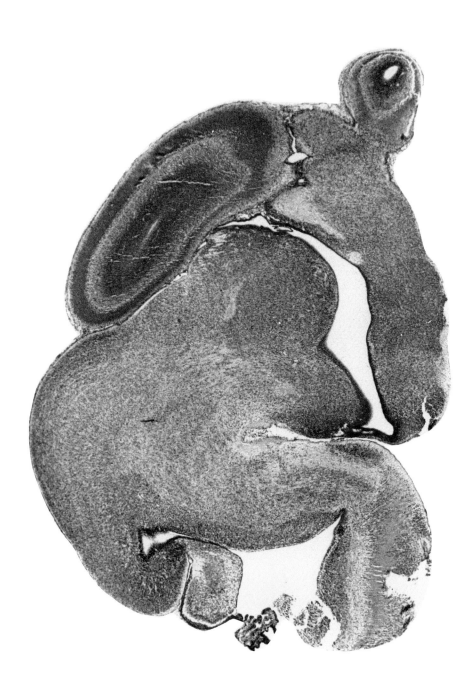

GD 16 SAG. 9

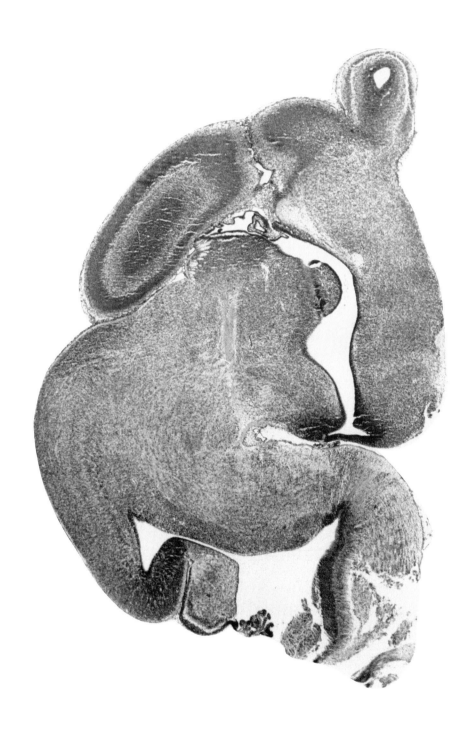

GD 16 SAG. 10

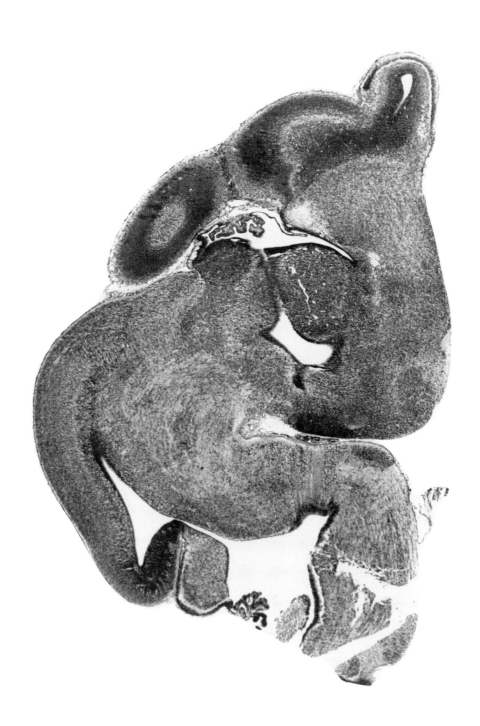

GD 16 SAG. 11

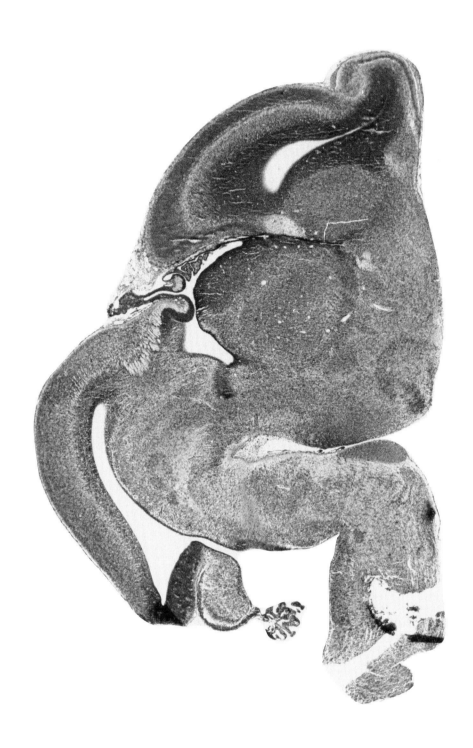

GD 16 SAG. 12

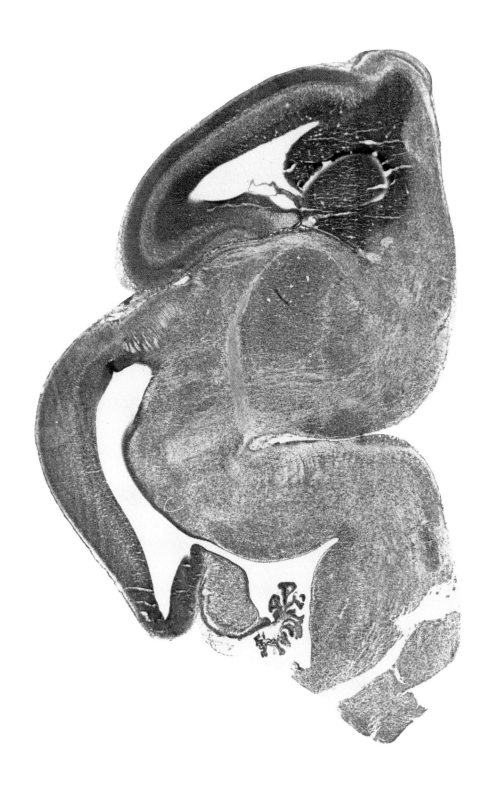

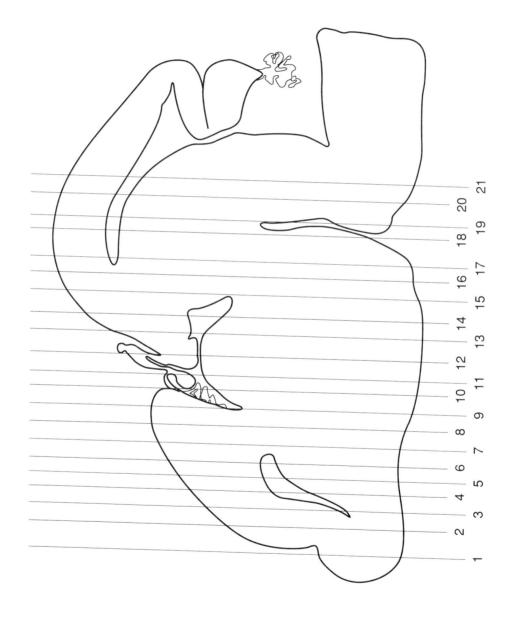

GD 16 CORONAL SECTIONS

GD 16 COR. 1

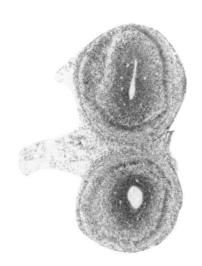

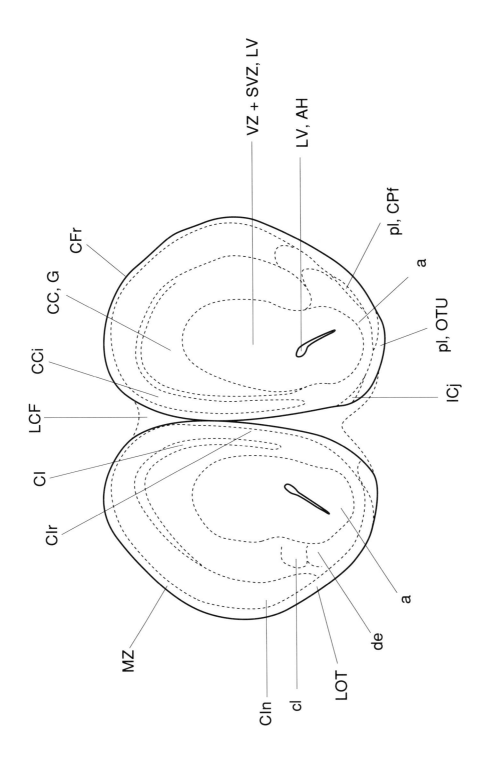

GD 16 COR. 2

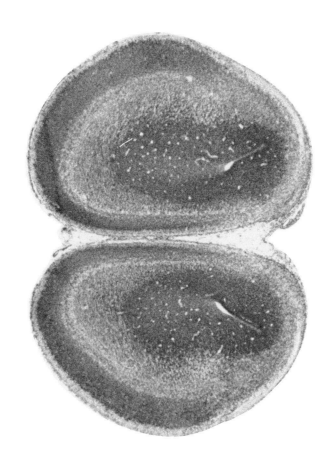

GD 16 COR. 3

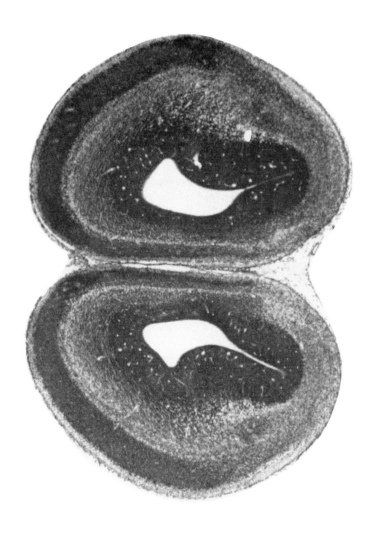

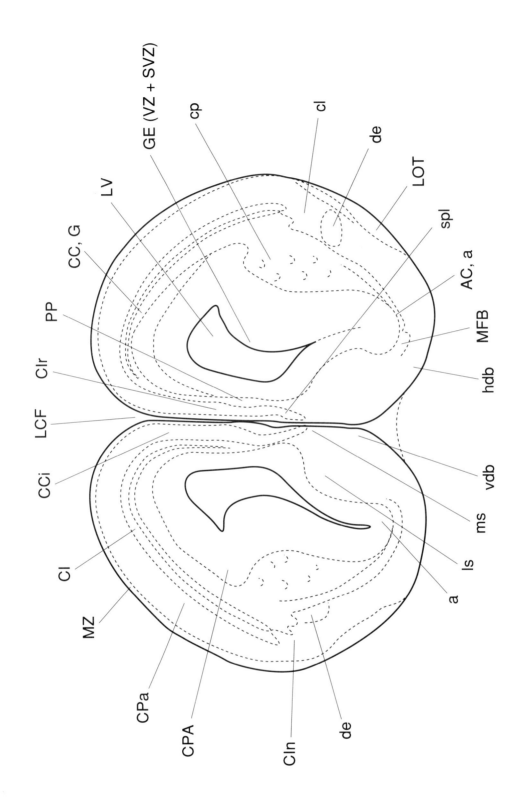

GD 16 COR. 5

GD 16 COR. 6

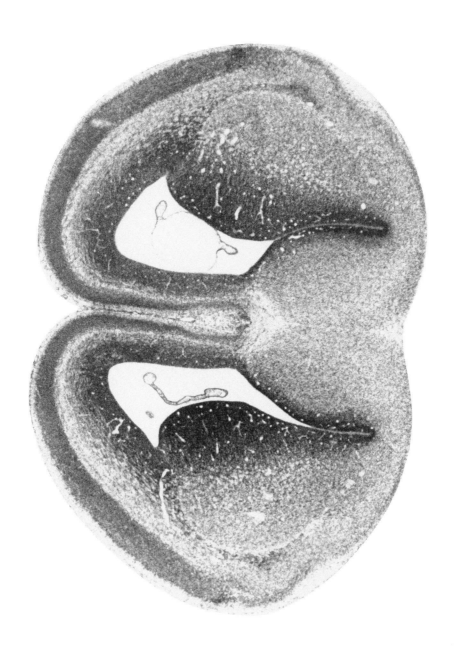

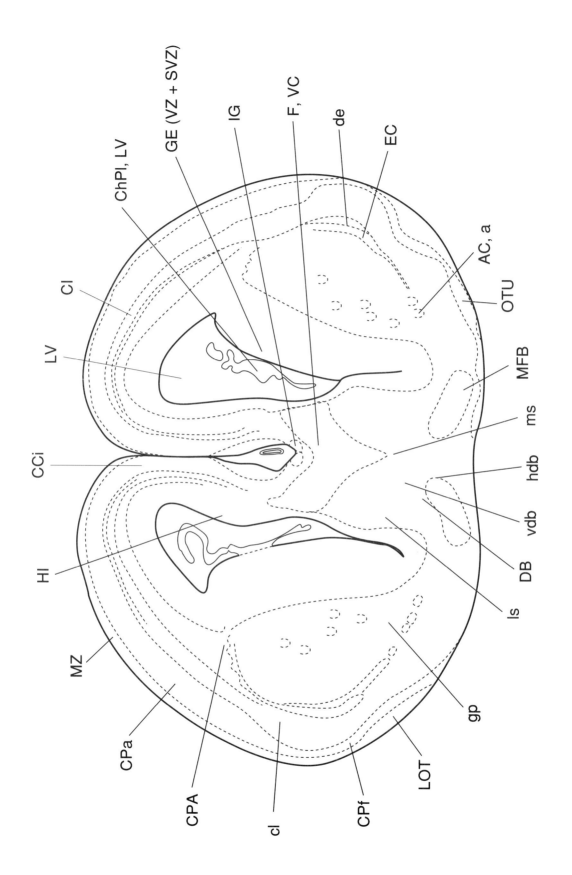

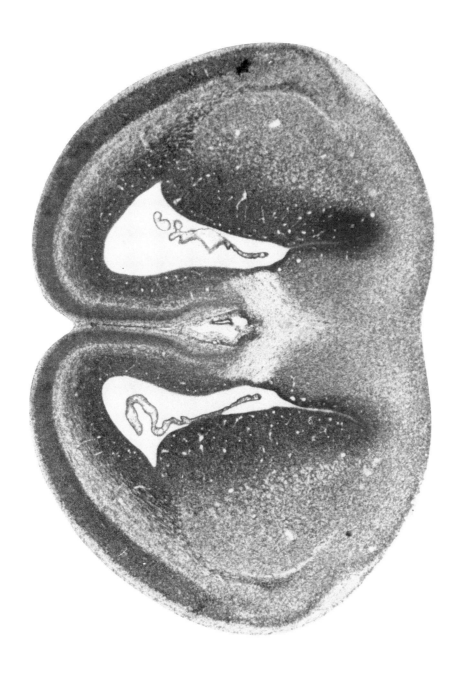

GD 16 COR. 8

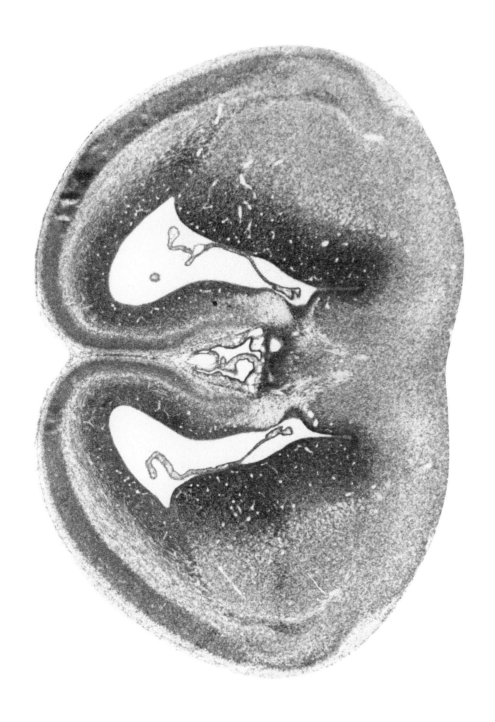

GD 16 COR. 9

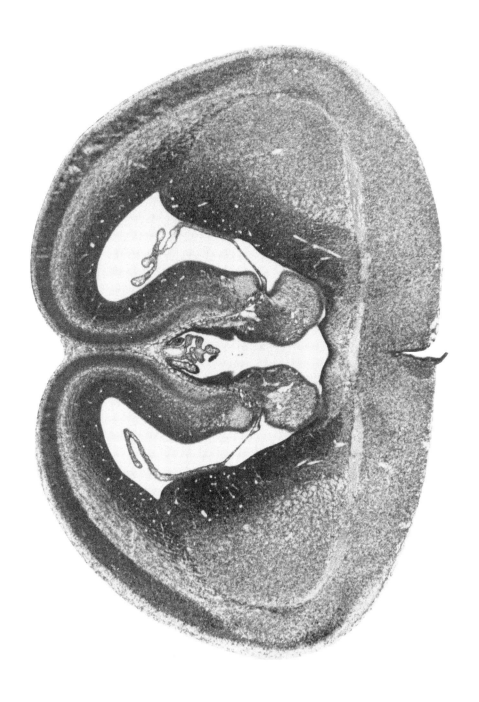

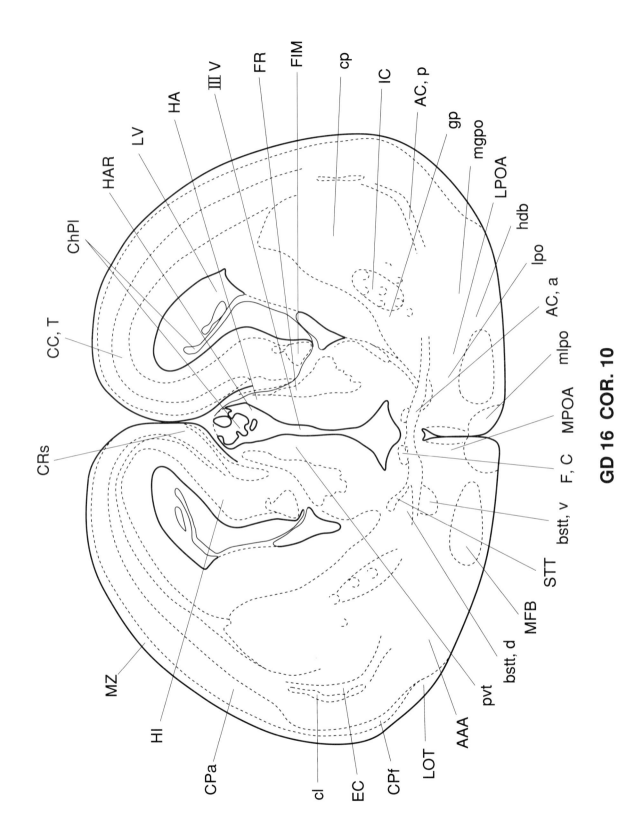

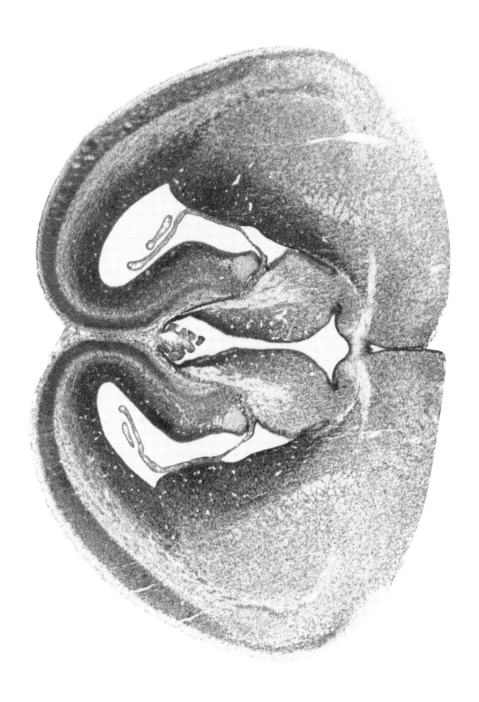

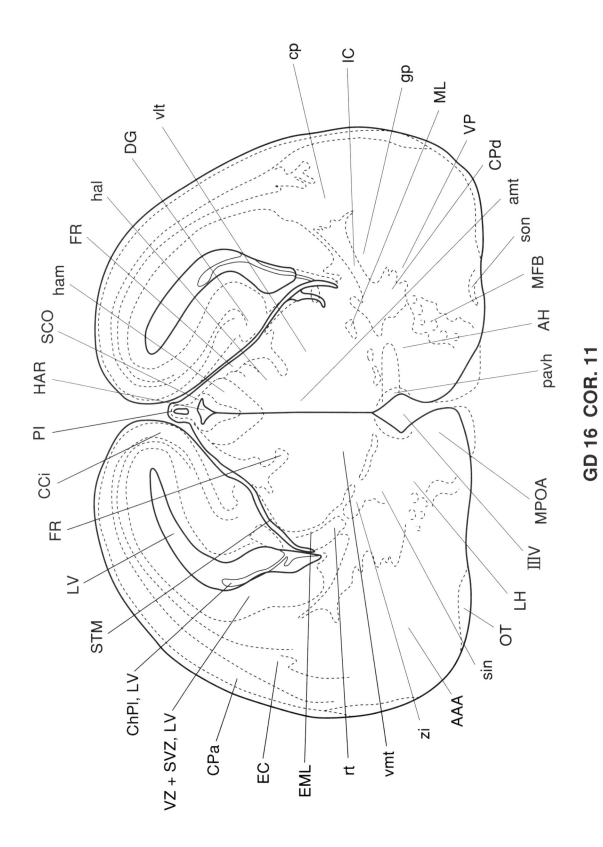

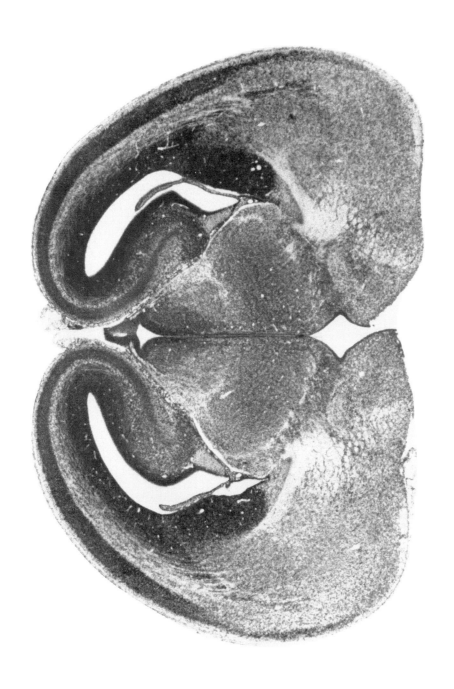

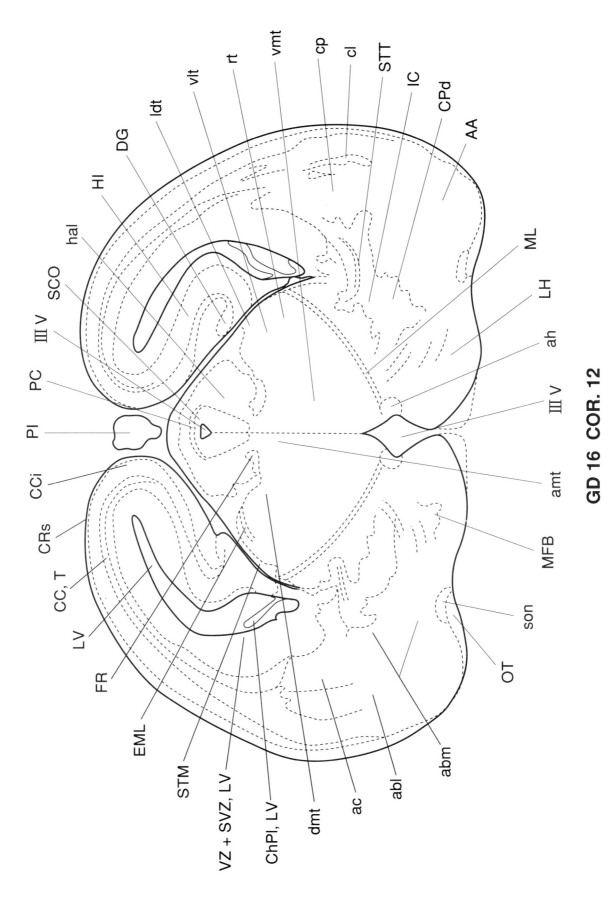

GD 16 COR. 12

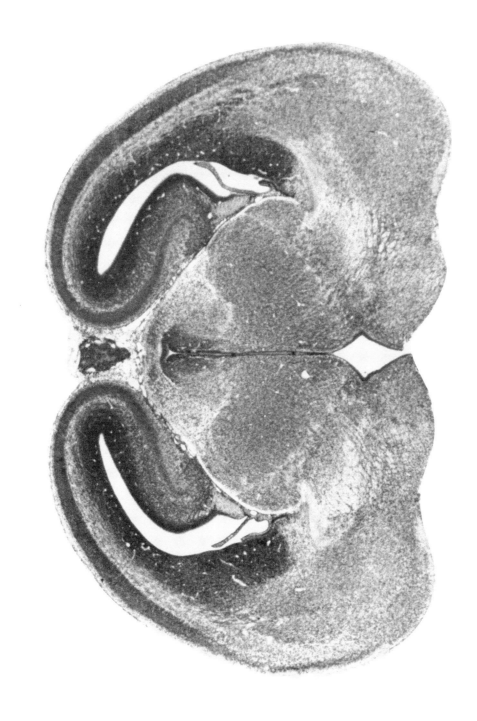

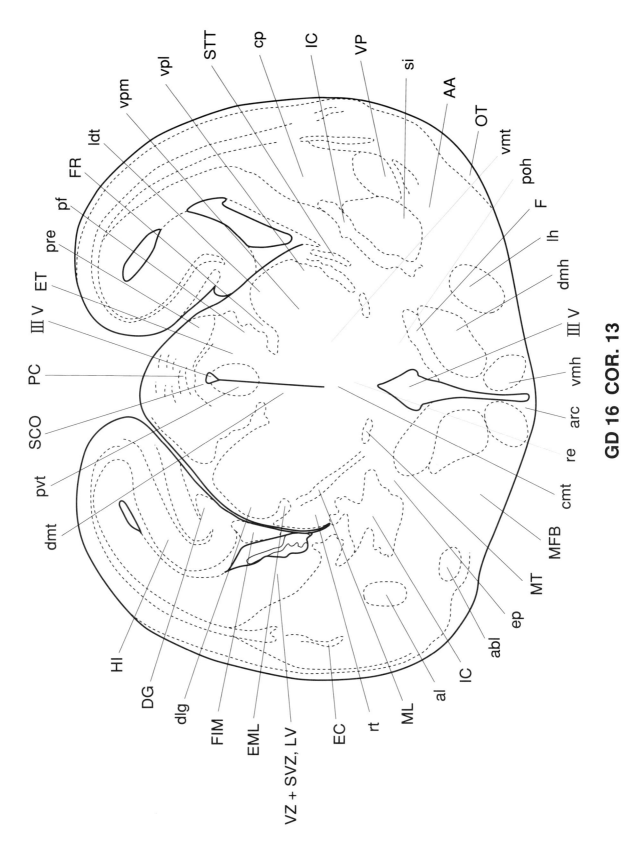

GD 16 COR. 13

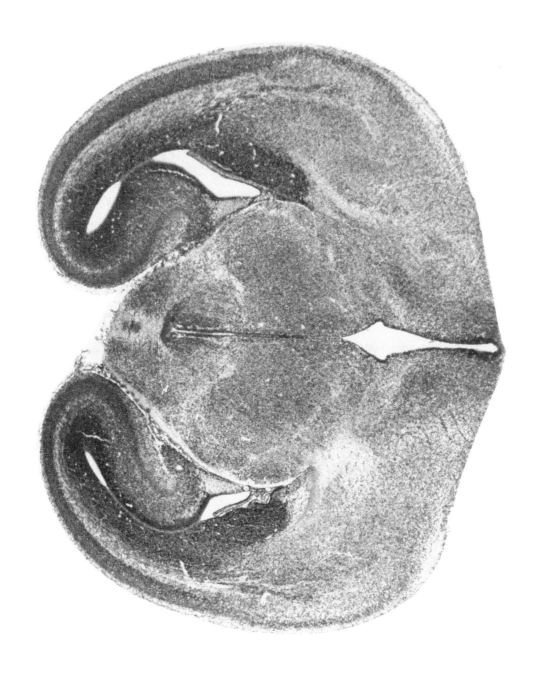

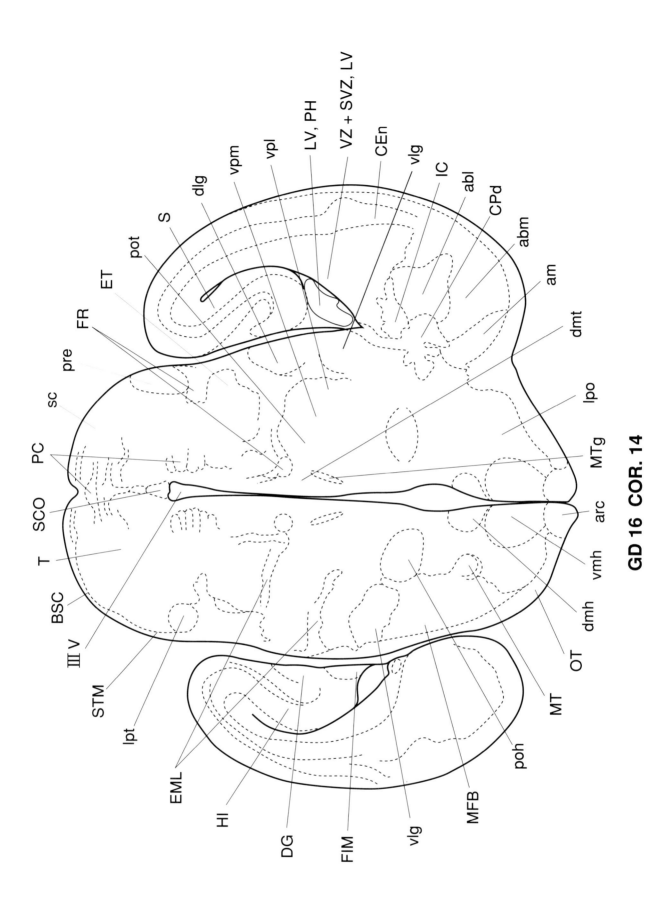

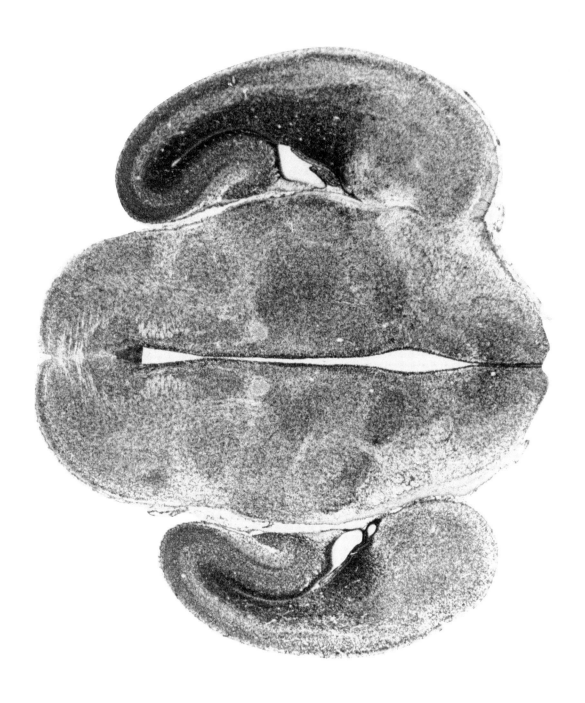

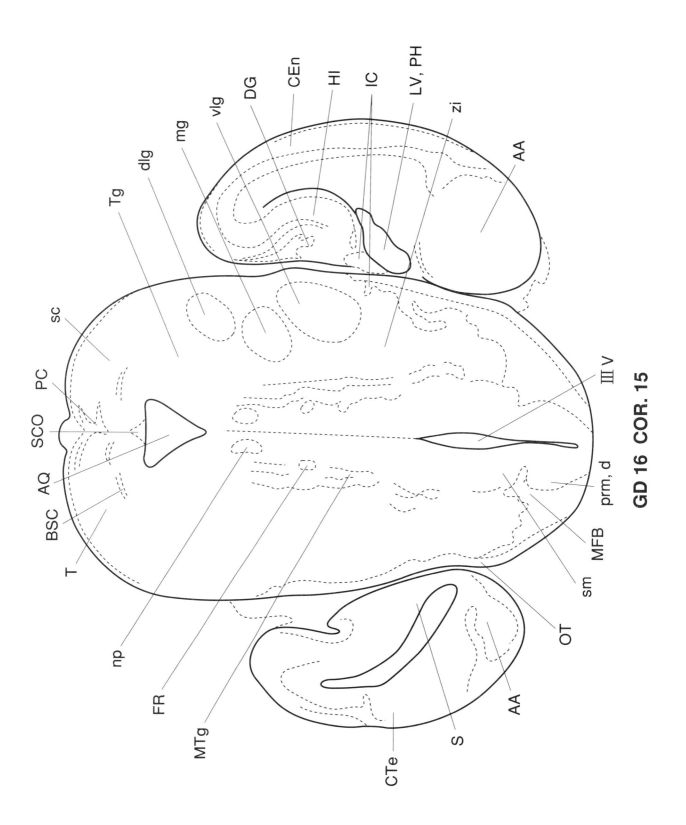

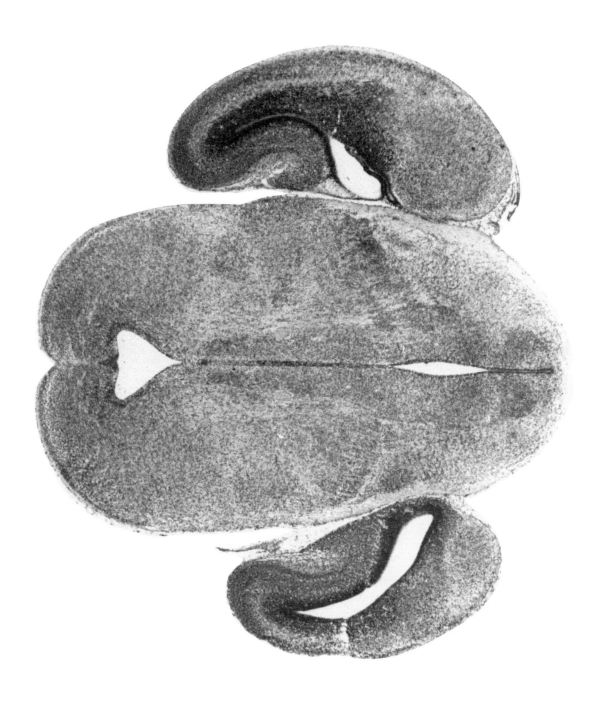

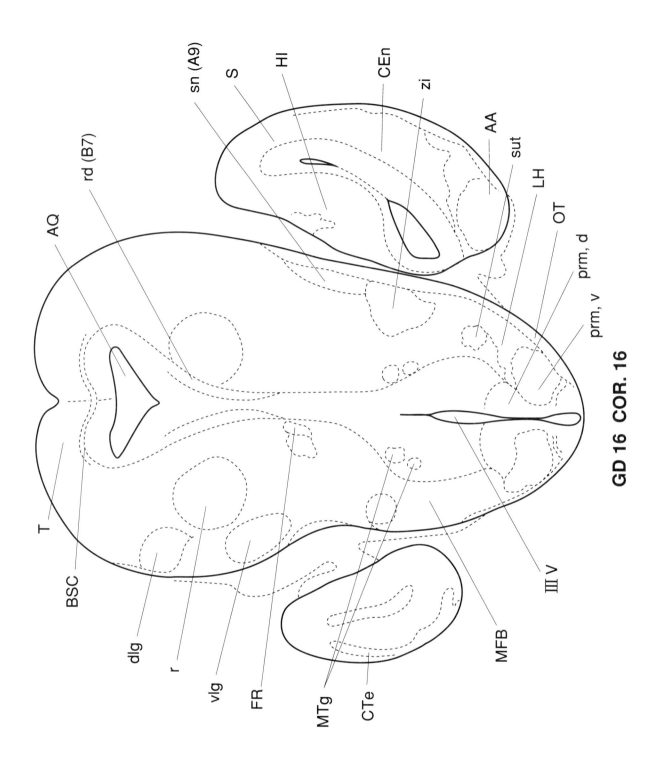

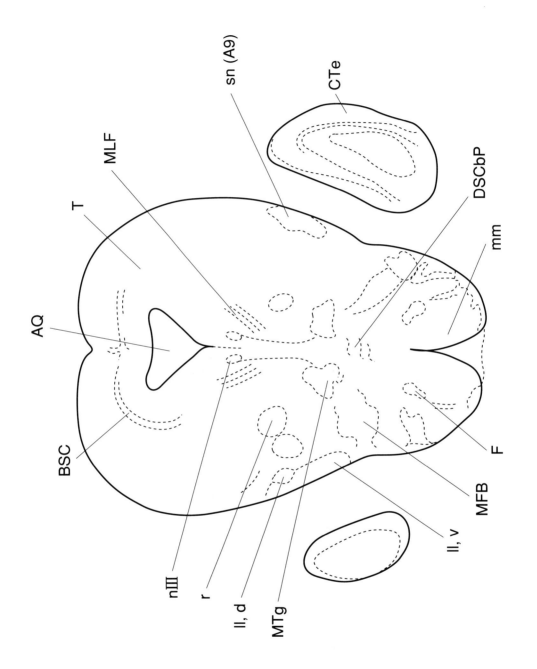

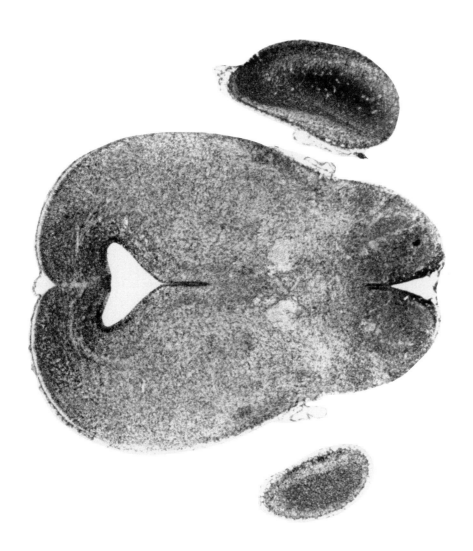

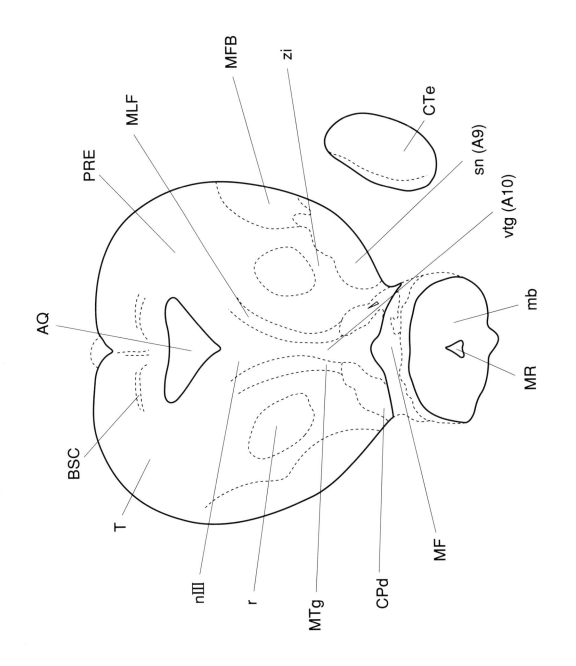

GD 16 COR. 18

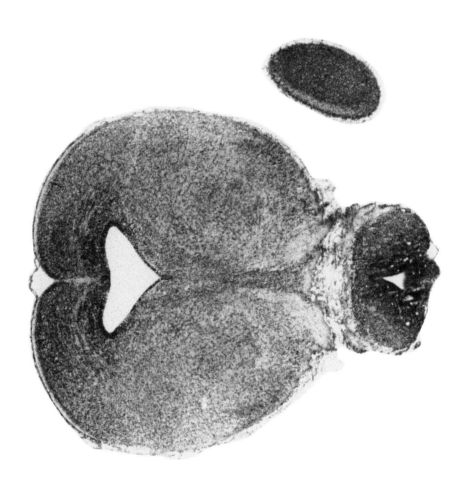

GD 16 COR. 19

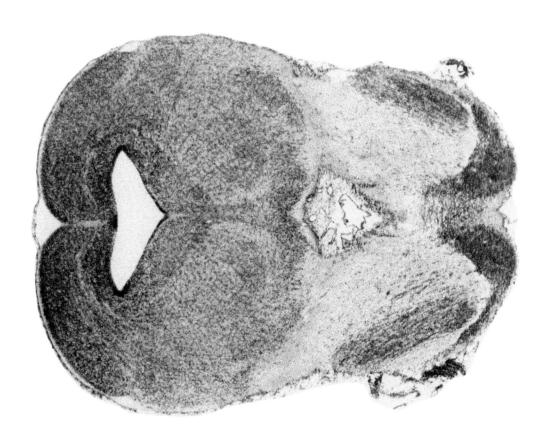

GD 16 COR. 20

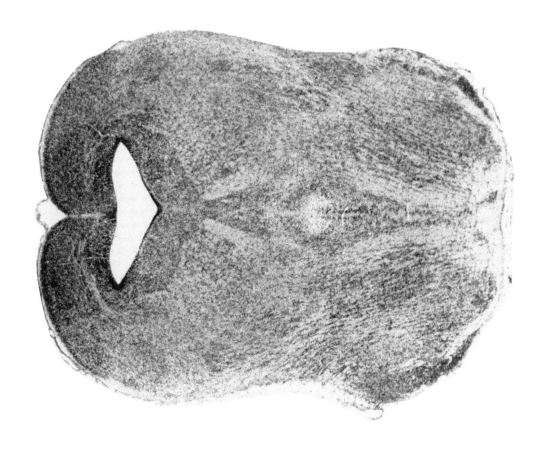

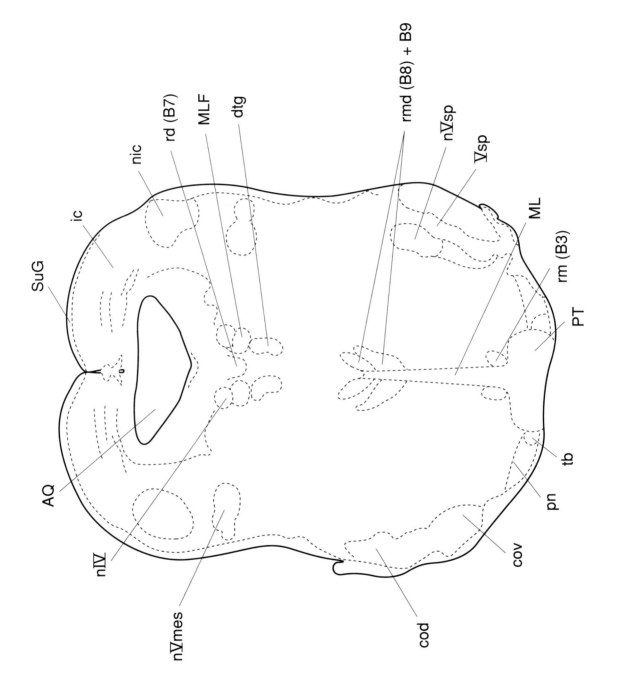

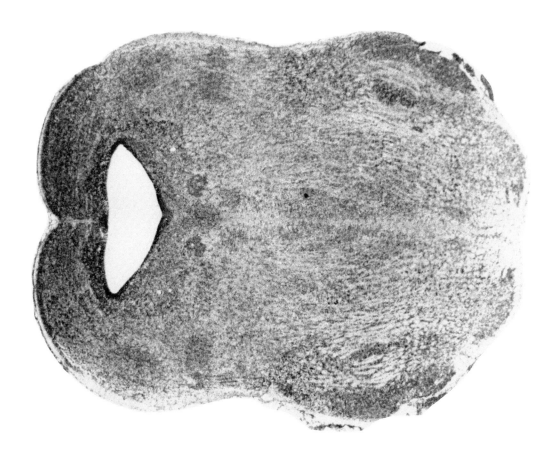

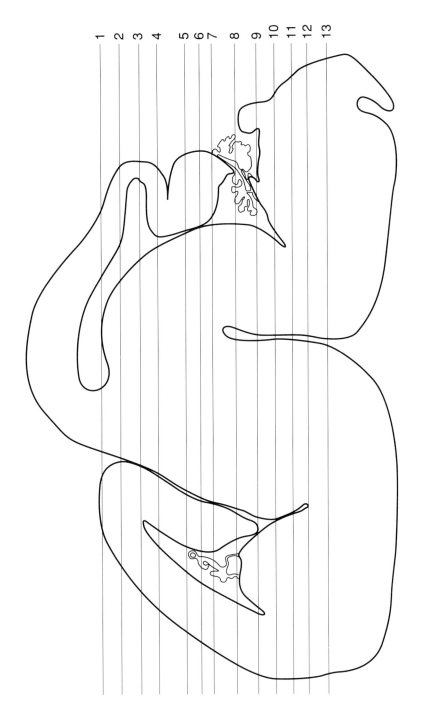

GD 16 HORIZONTAL SECTIONS

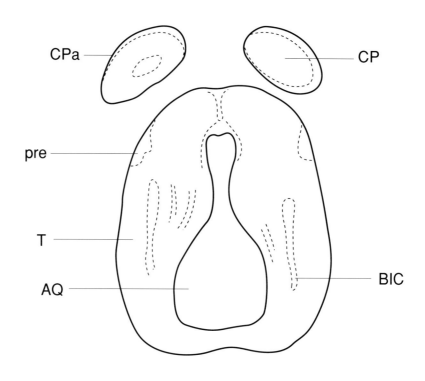

GD 16 HOR. 1

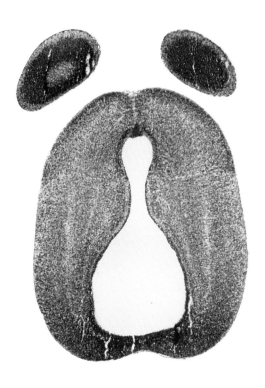

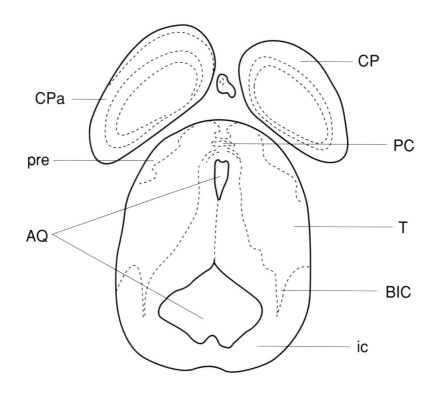

GD 16 HOR. 2

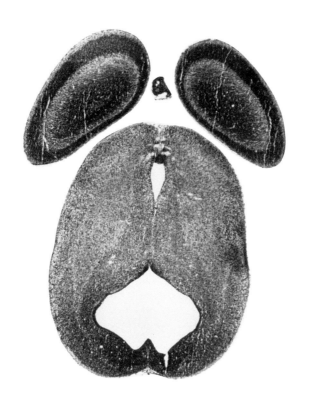

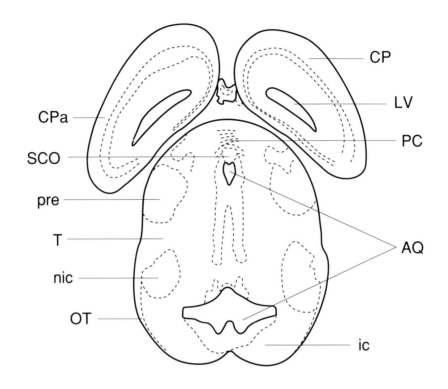

GD 16 HOR. 3

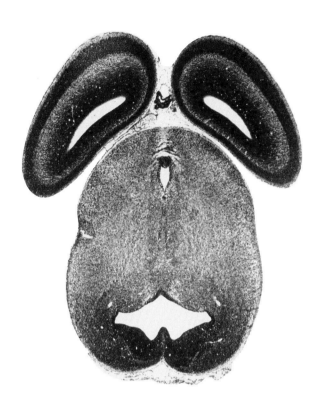

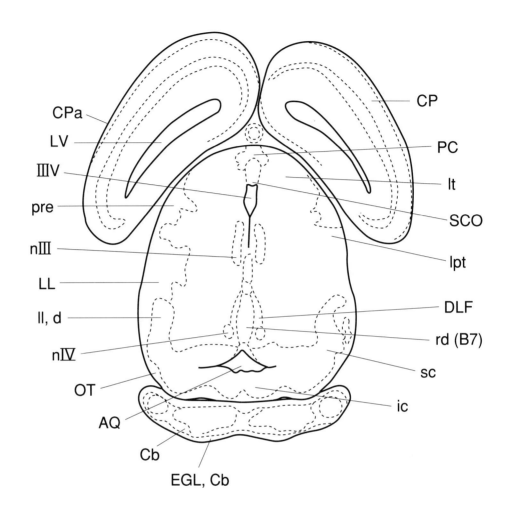

GD 16 HOR. 4

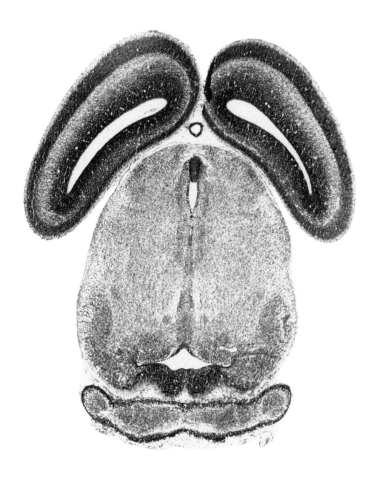

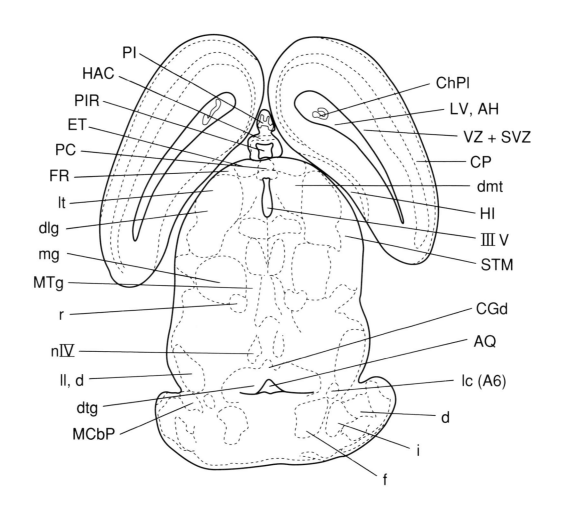

GD 16 HOR. 5

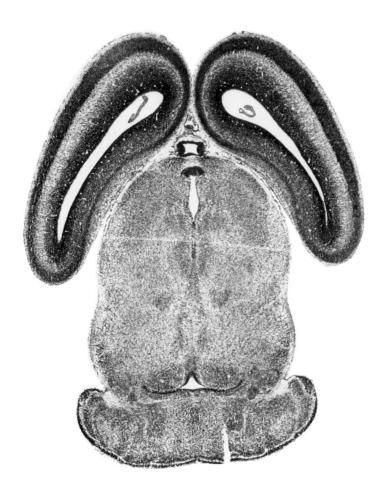

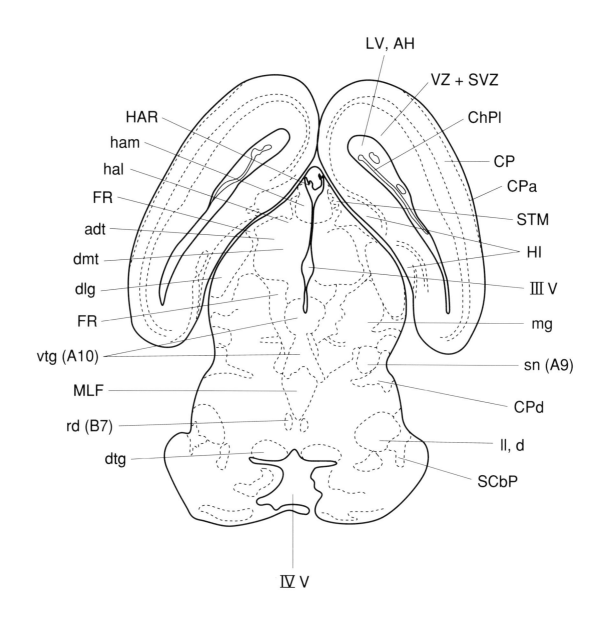

GD 16 HOR. 6

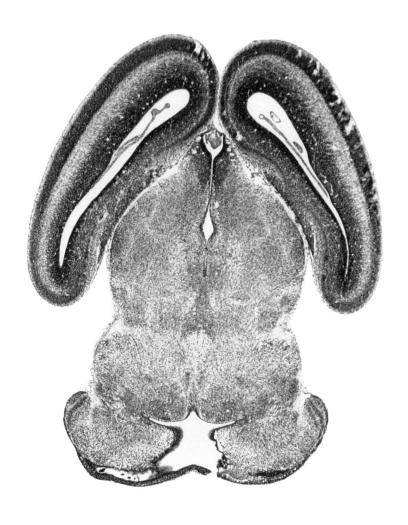

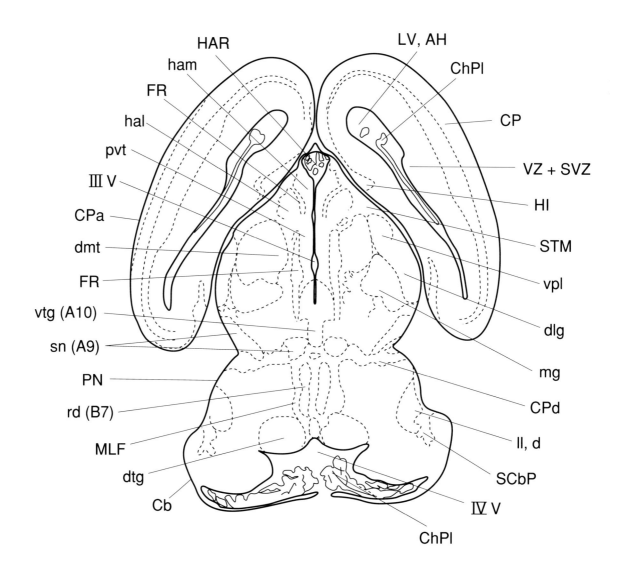

GD 16 HOR. 7

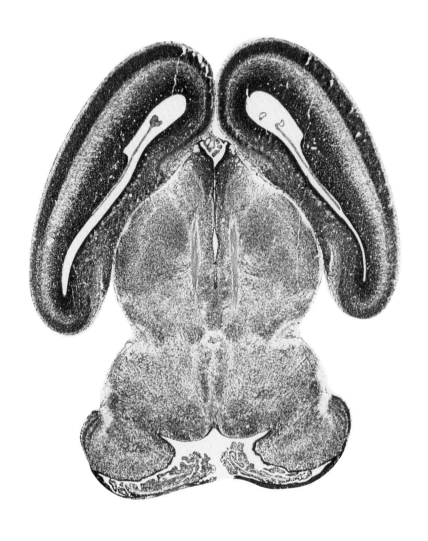

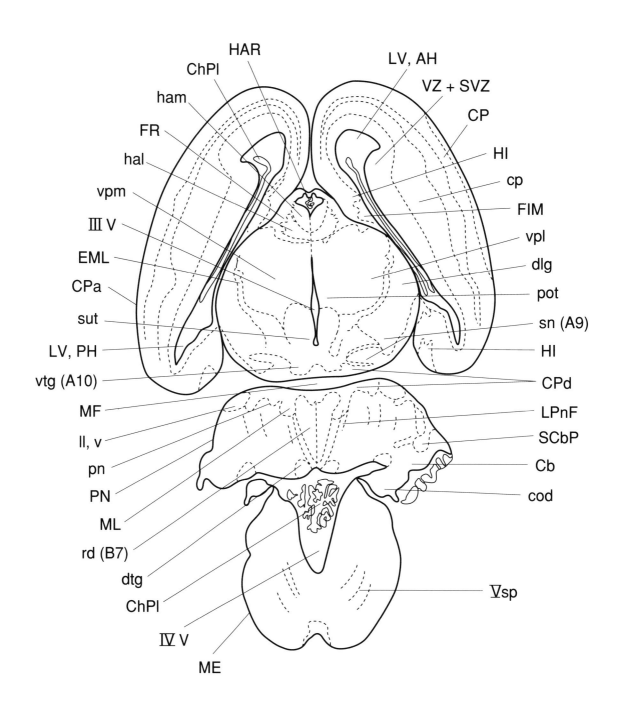

GD 16 HOR. 8

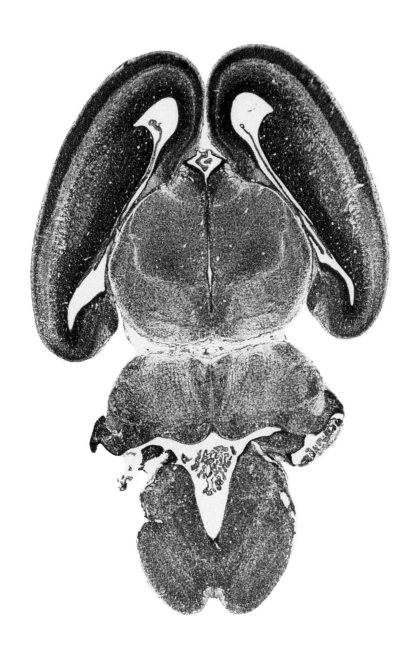

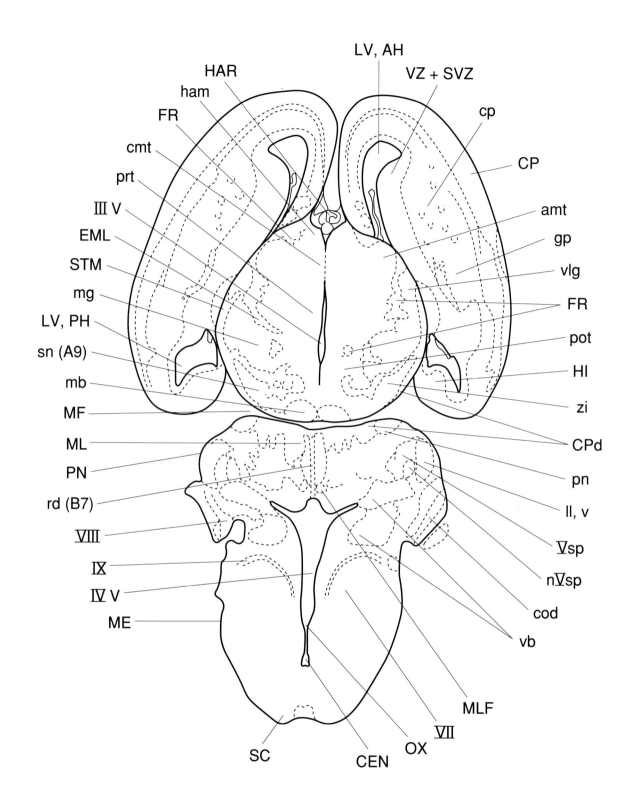

GD 16 HOR. 9

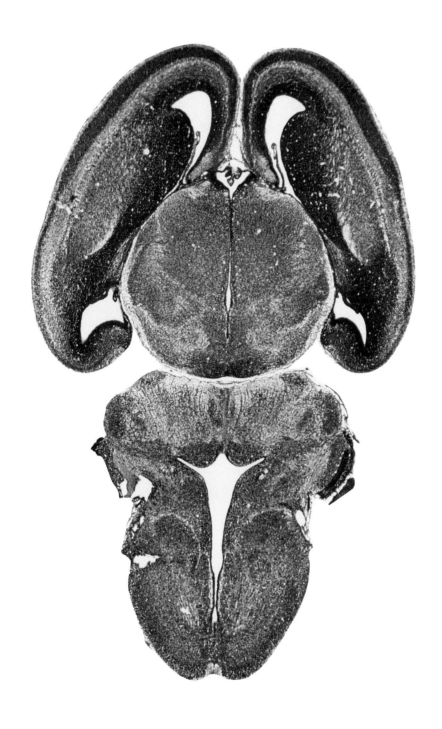

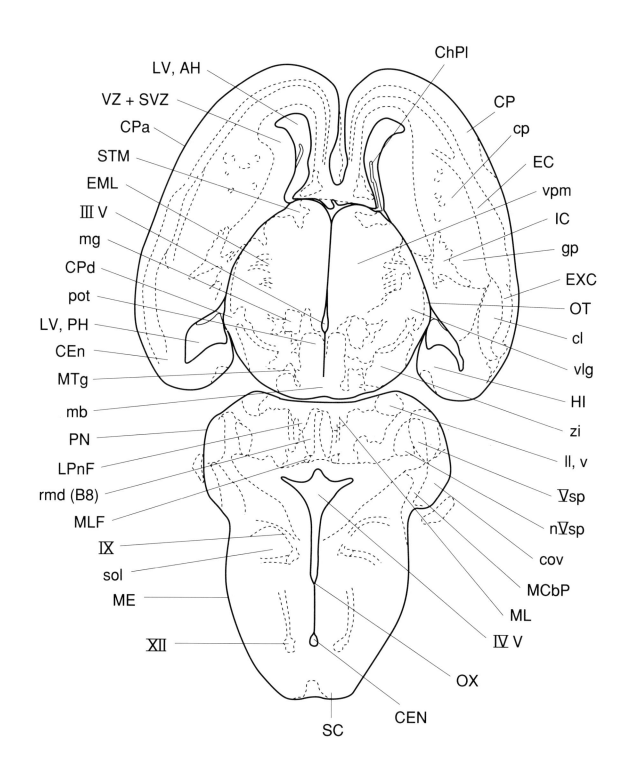

GD 16 HOR. 10

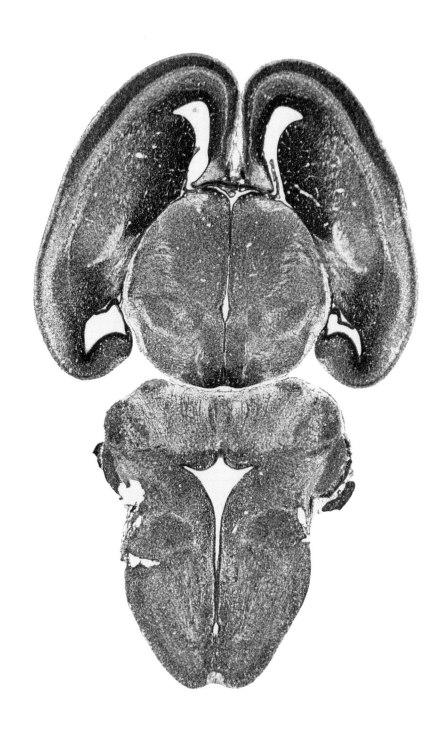

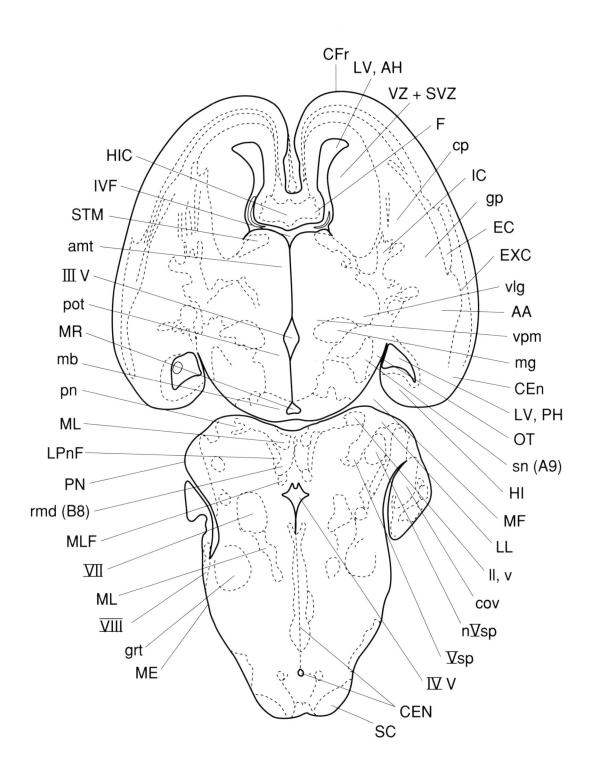

GD 16 HOR. 11

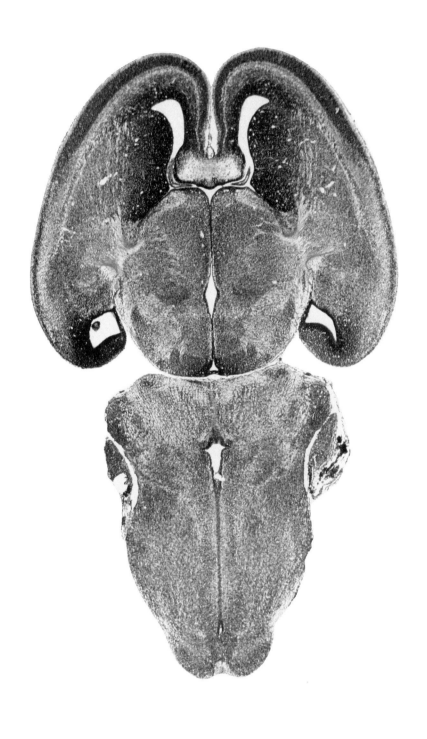

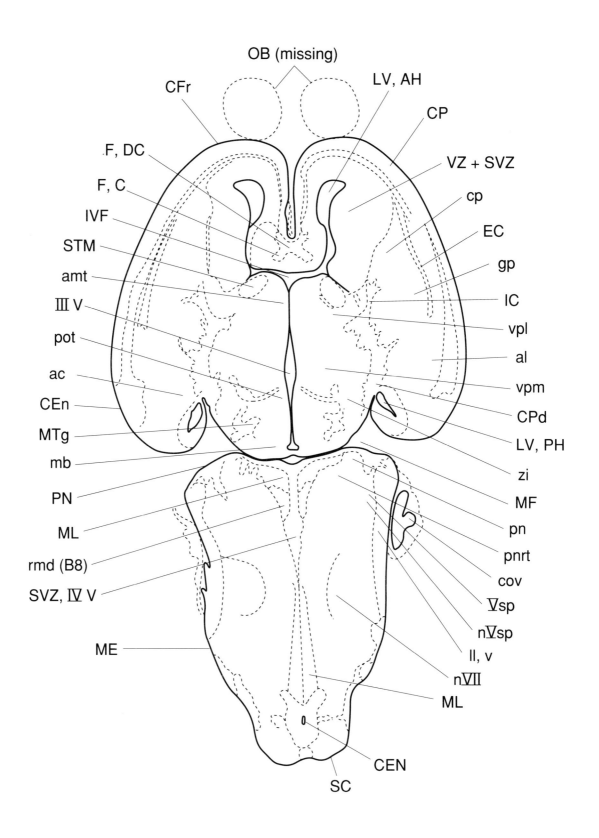

GD 16 HOR. 12

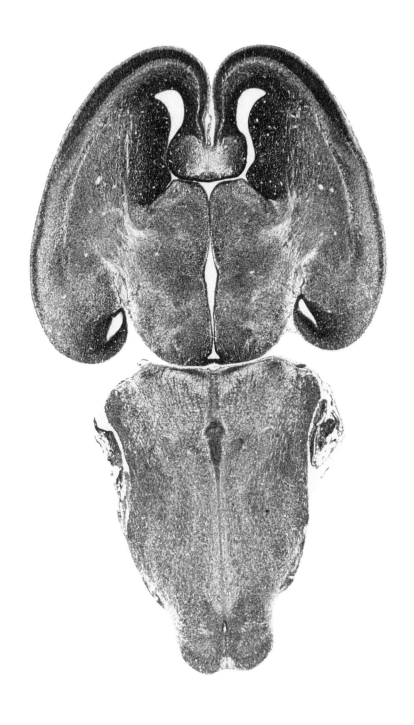

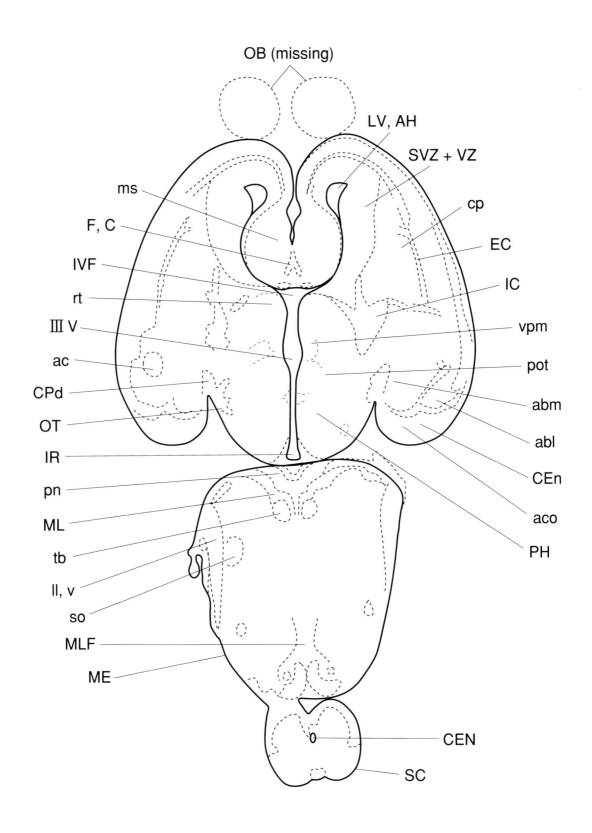

GD 16 HOR. 13

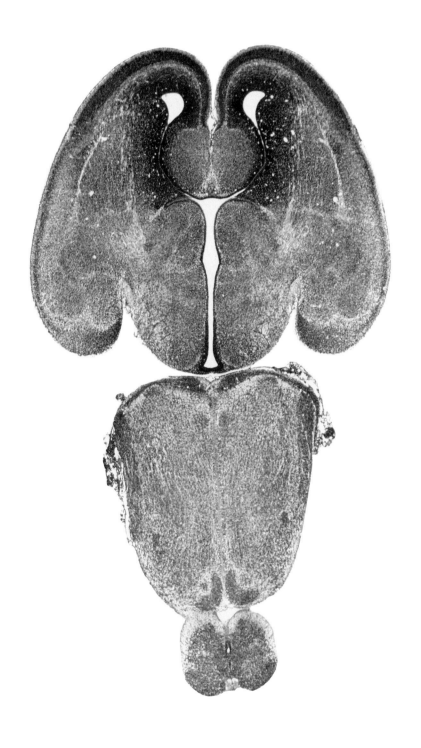

GESTATIONAL DAY 18 (GD 18)

GD 18 SAGITTAL SECTIONS

243

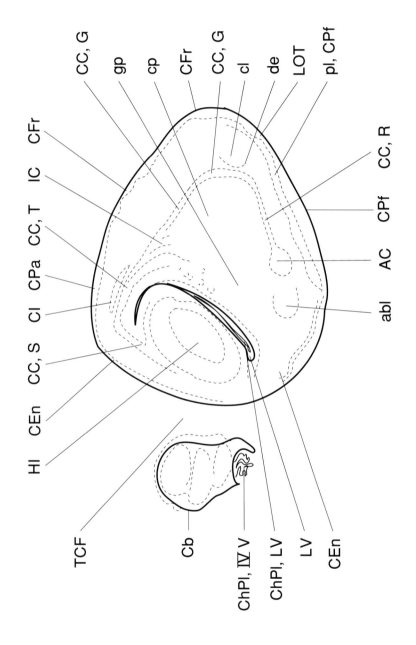

GD 18 SAG. 1

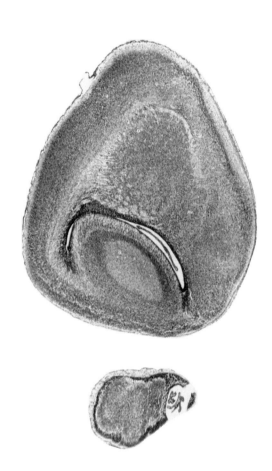

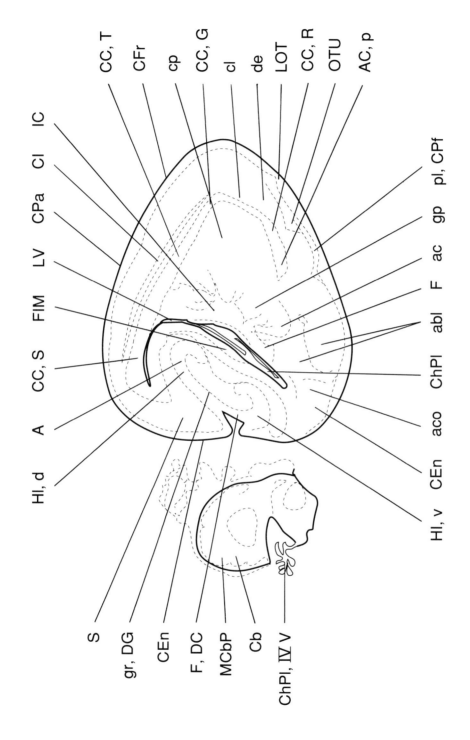

GD 18 SAG. 2

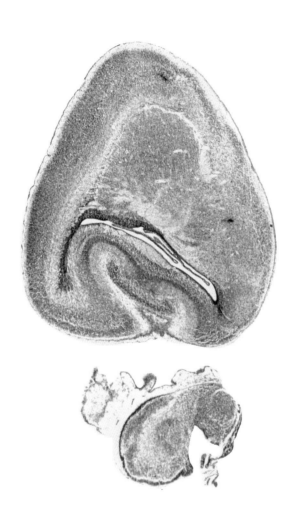

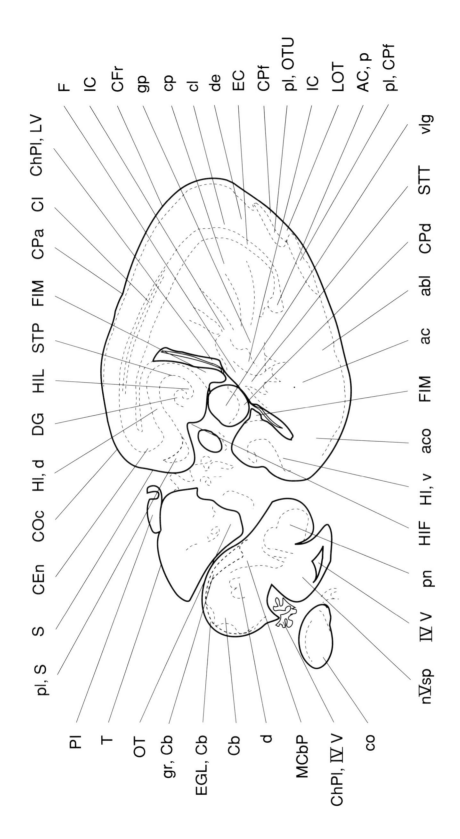

GD 18 SAG. 3

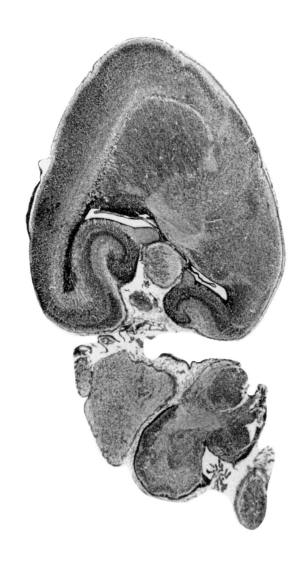

GD 18 SAG. 4

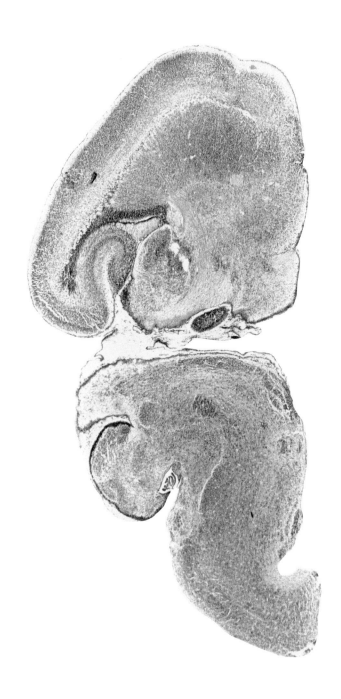

GD 18 SAG. 5

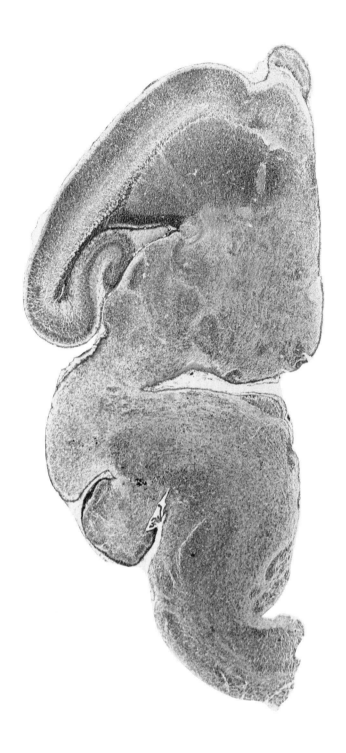

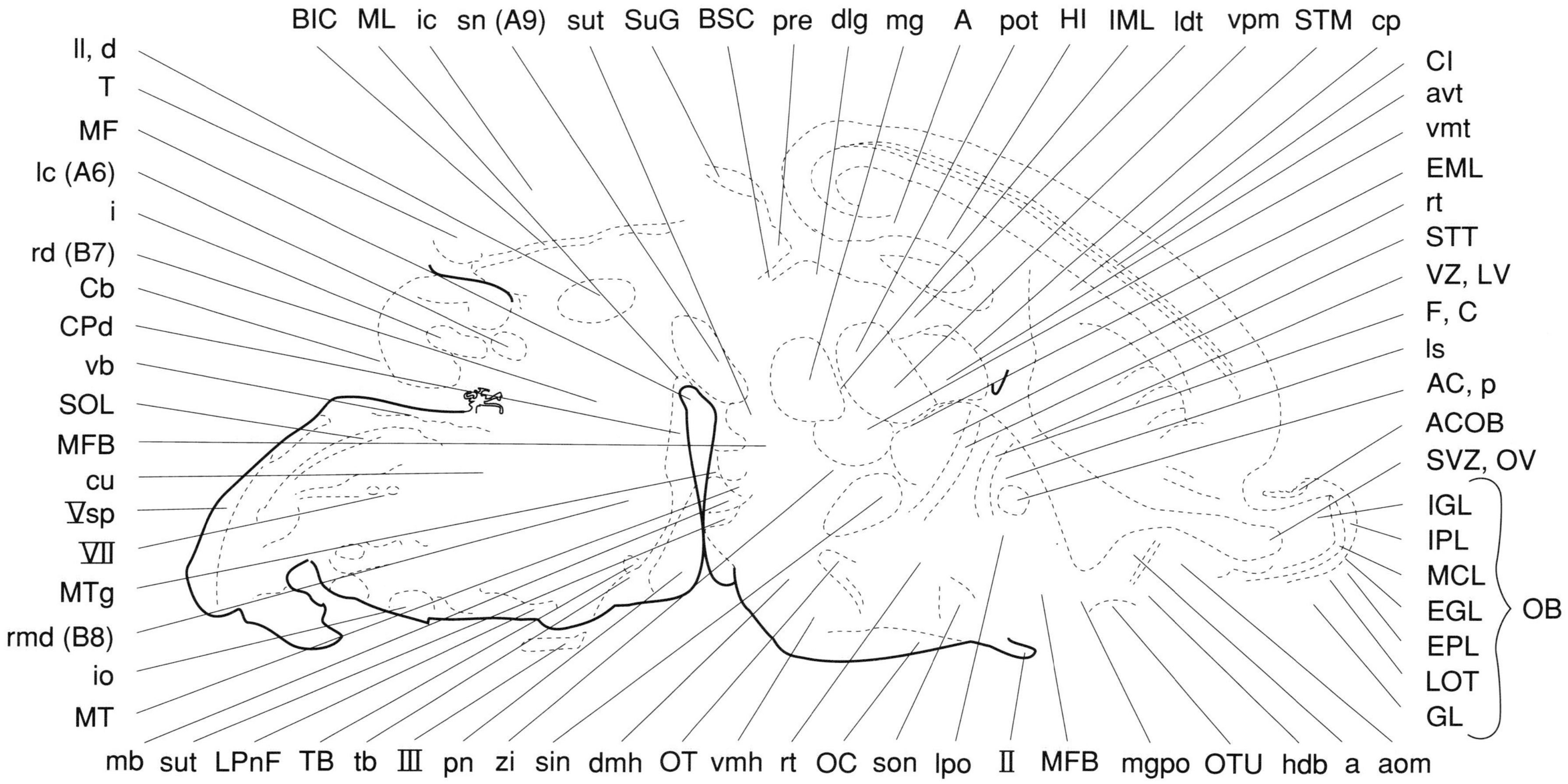

ll, d
T
MF
lc (A6)
i
rd (B7)
Cb
CPd
vb
SOL
MFB
cu
Vsp
VII
MTg
rmd (B8)
io
MT

BIC ML ic sn (A9) sut SuG BSC pre dlg mg A pot HI IML ldt vpm STM cp

CI
avt
vmt
EML
rt
STT
VZ, LV
F, C
ls
AC, p
ACOB
SVZ, OV
IGL ⎫
IPL ⎪
MCL ⎪
EGL ⎬ OB
EPL ⎪
LOT ⎪
GL ⎭

mb sut LPnF TB tb III pn zi sin dmh OT vmh rt OC son lpo II MFB mgpo OTU hdb a aom

GD 18 SAG. 6

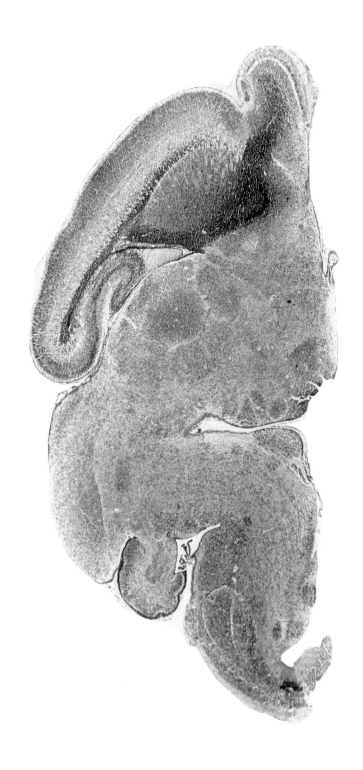

GD 18 SAG. 7

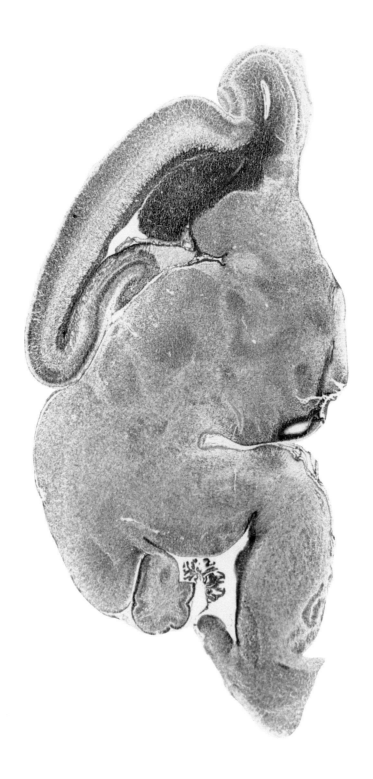

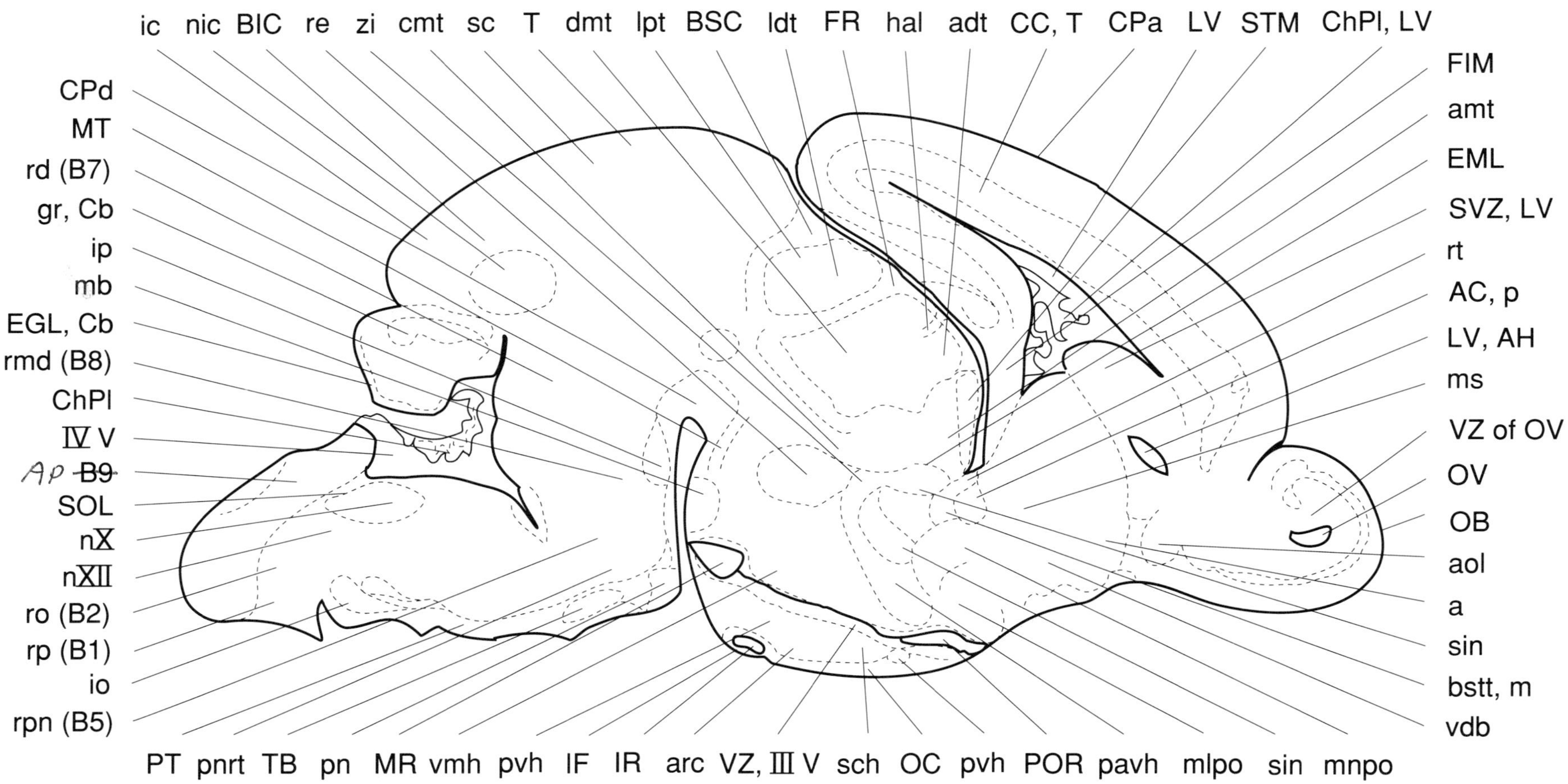

ic	FIM
nic	amt
BIC	EML
re	SVZ, LV
zi	rt
cmt	AC, p
sc	LV, AH
T	ms
dmt	VZ of OV
lpt	OV
BSC	OB
ldt	aol
FR	a
hal	sin
adt	bstt, m
CC, T	vdb
CPa	
LV	
STM	
ChPl, LV	

CPd
MT
rd (B7)
gr, Cb
ip
mb
EGL, Cb
rmd (B8)
ChPl
IV V
Ap B9
SOL
nX
nXII
ro (B2)
rp (B1)
io
rpn (B5)

PT pnrt TB pn MR vmh pvh IF IR arc VZ, III V sch OC pvh POR pavh mlpo sin mnpo

GD 18 SAG. 8

258

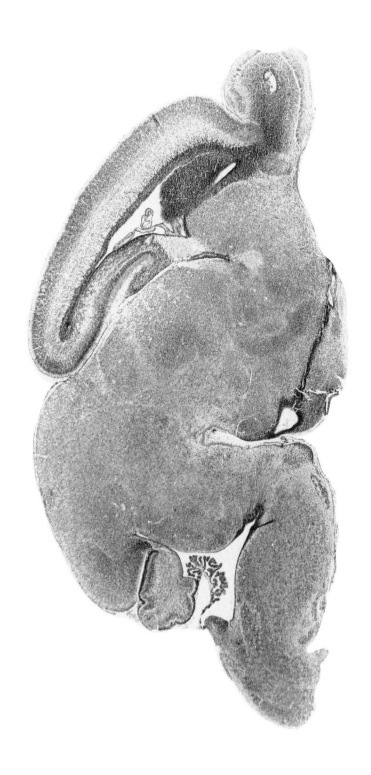

GD 18 SAG. 9

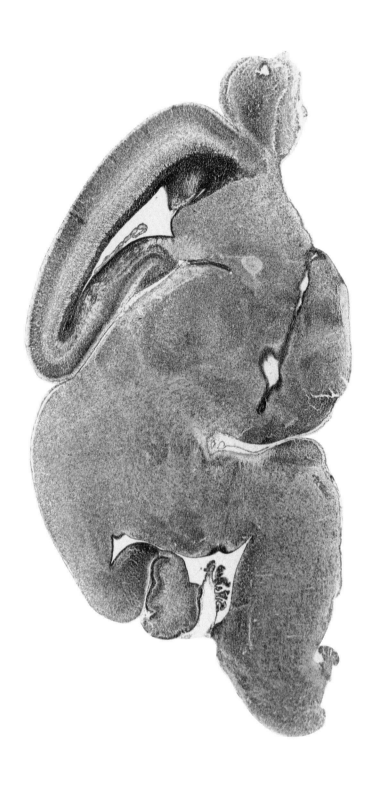

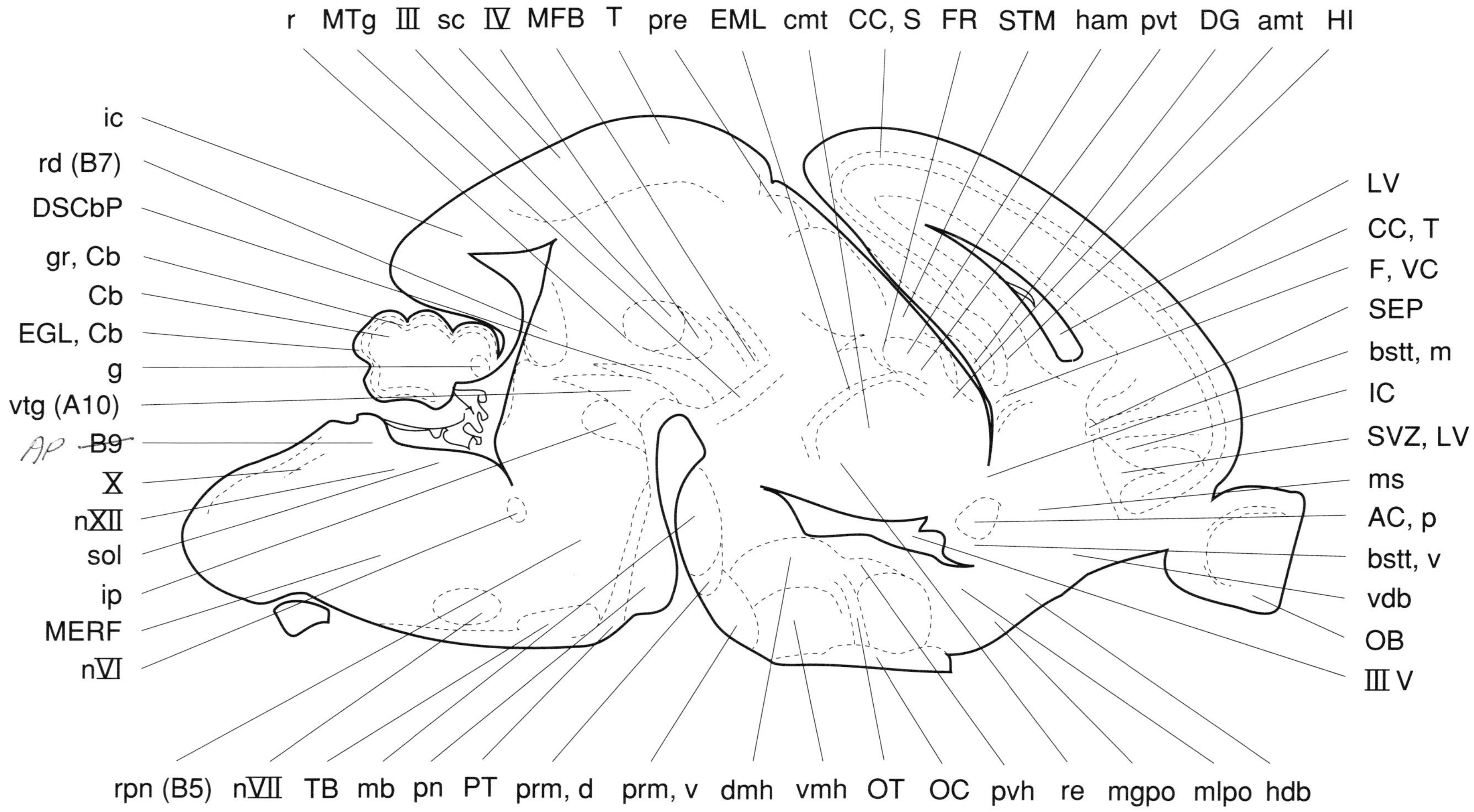

ic
rd (B7)
DSCbP
gr, Cb
Cb
EGL, Cb
g
vtg (A10)
AP B9
X
nXII
sol
ip
MERF
nVI

r MTg III sc IV MFB T pre EML cmt CC, S FR STM ham pvt DG amt HI

LV
CC, T
F, VC
SEP
bstt, m
IC
SVZ, LV
ms
AC, p
bstt, v
vdb
OB
III V

rpn (B5) nVII TB mb pn PT prm, d prm, v dmh vmh OT OC pvh re mgpo mlpo hdb

GD 18 SAG. 10

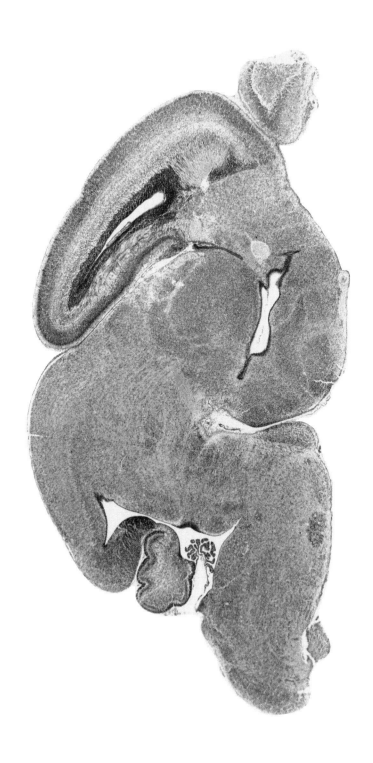

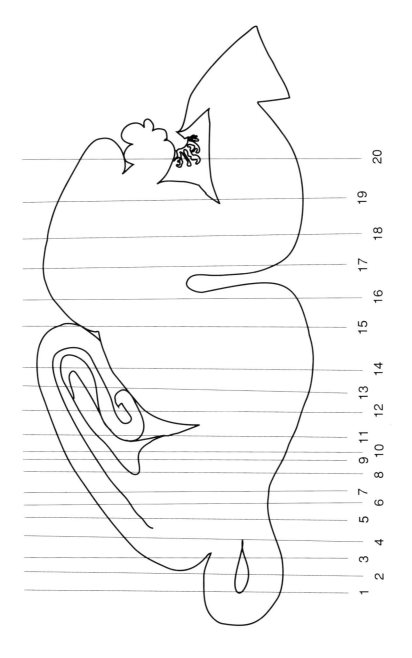

GD 18 CORONAL SECTIONS

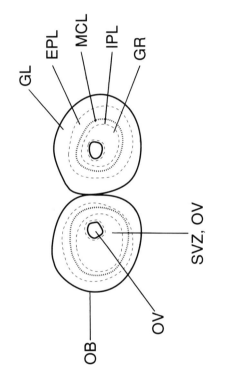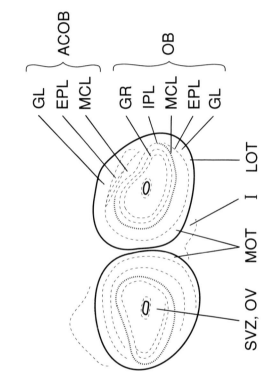

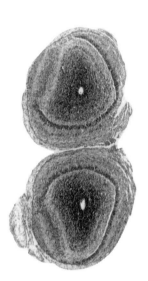

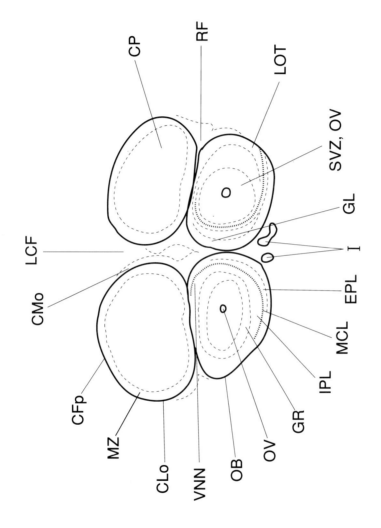

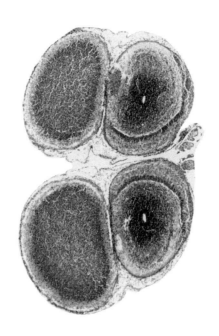

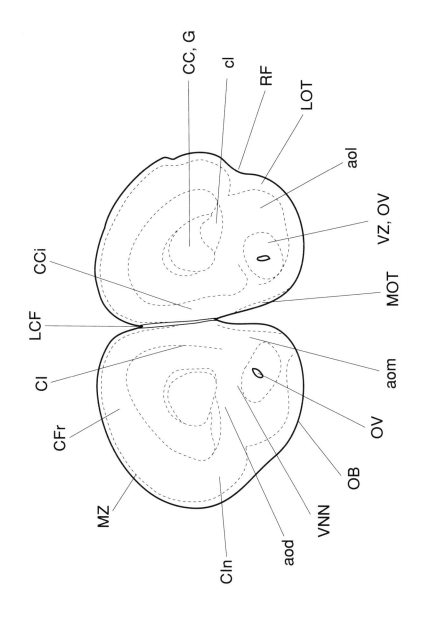

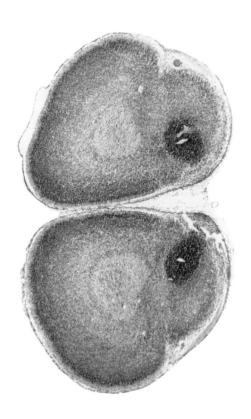

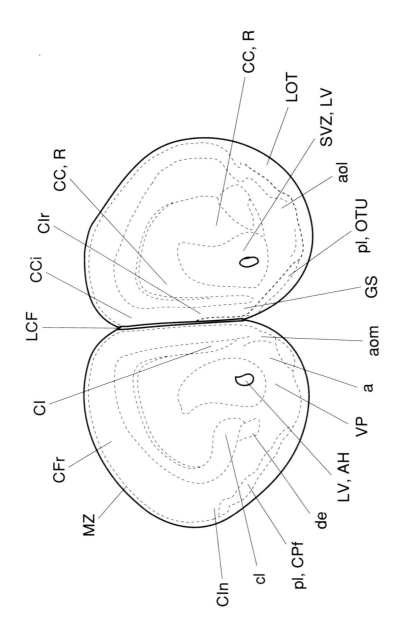

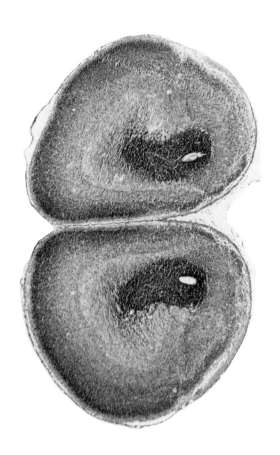

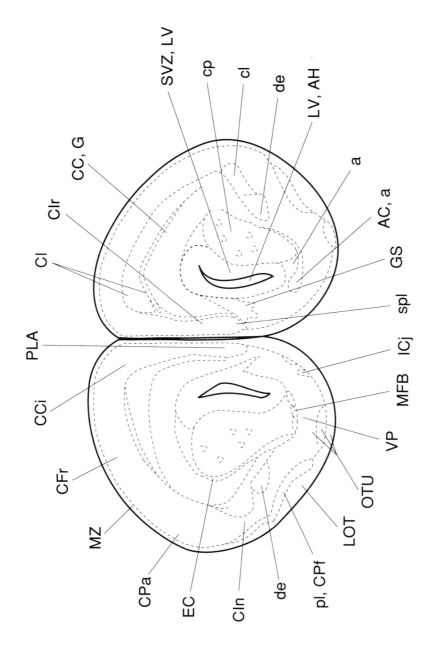

GD 18 COR. 6

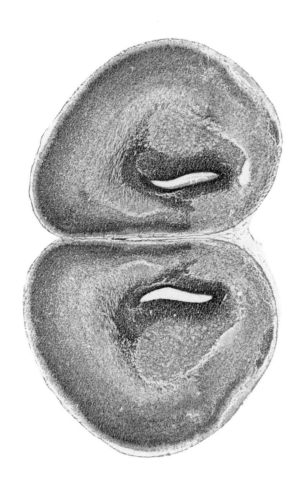

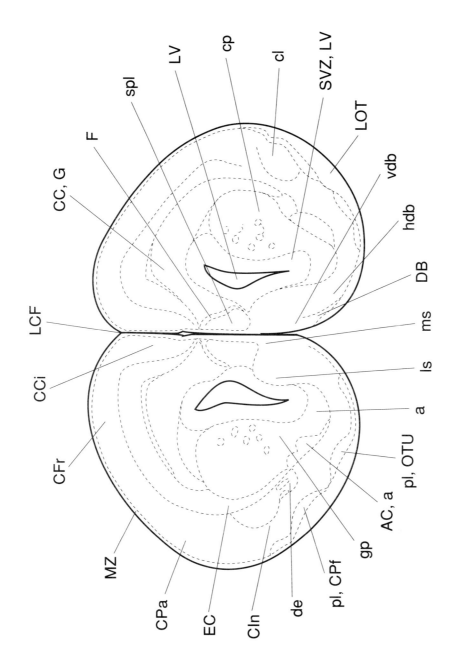

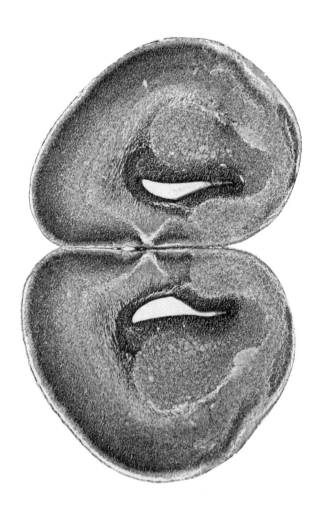

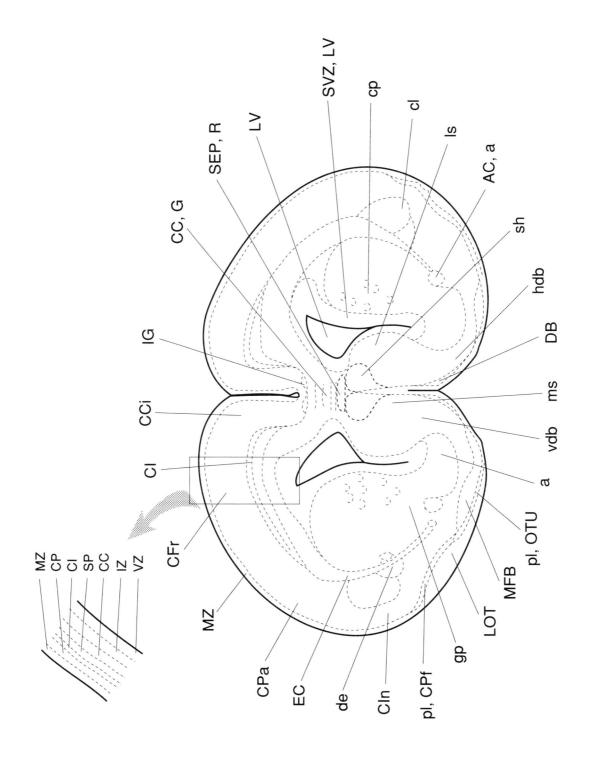

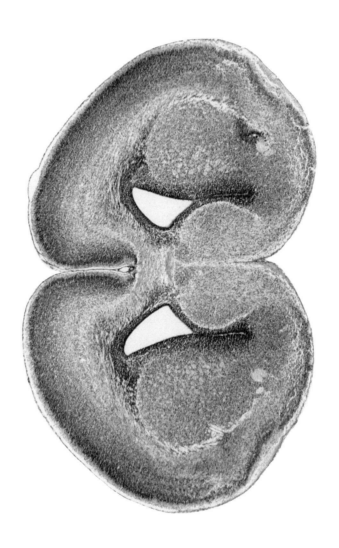

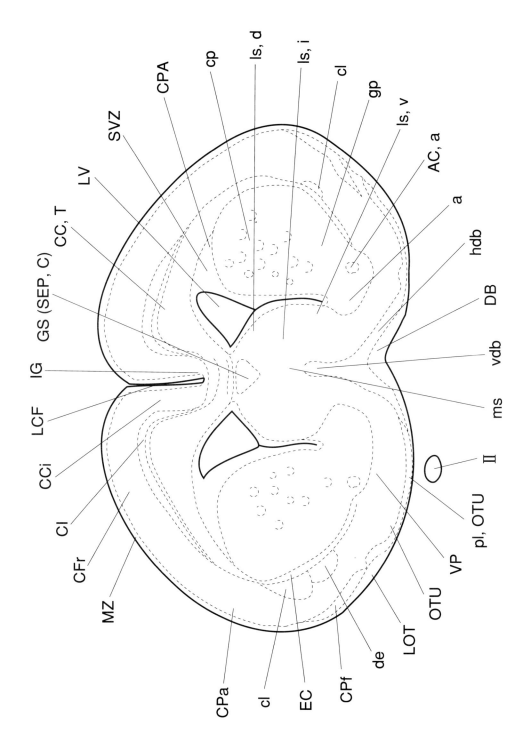

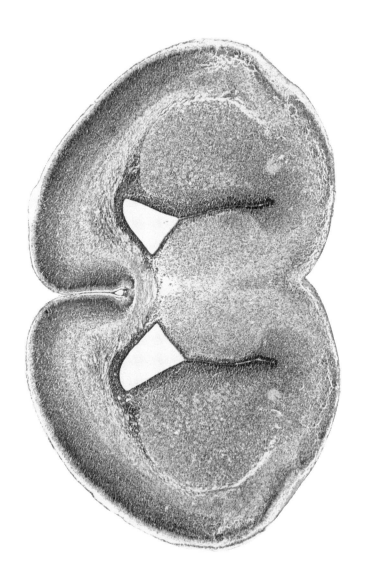

GD 18 COR. 10

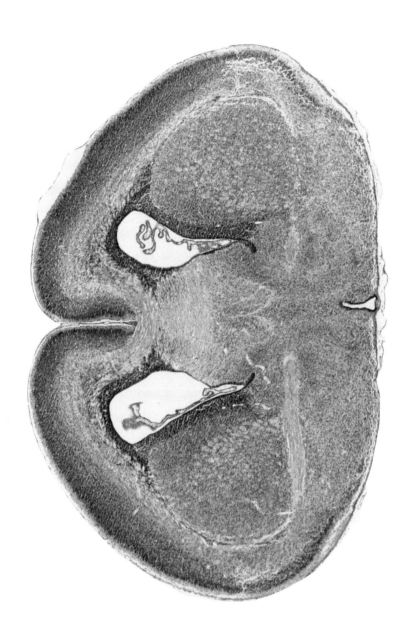

GD 18 COR. 11

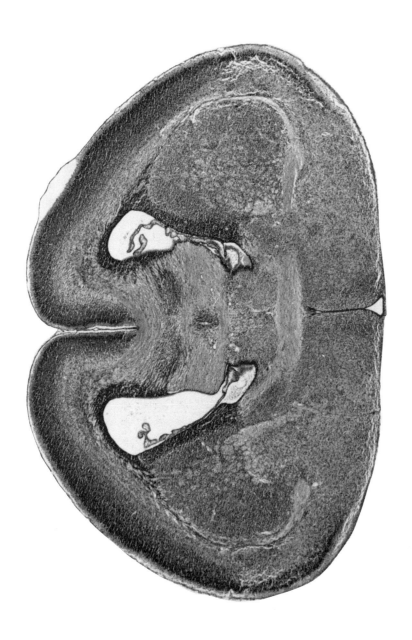

GD 18 COR. 12

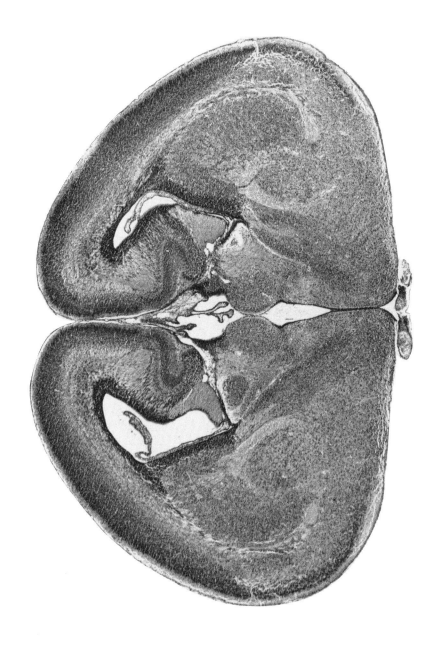

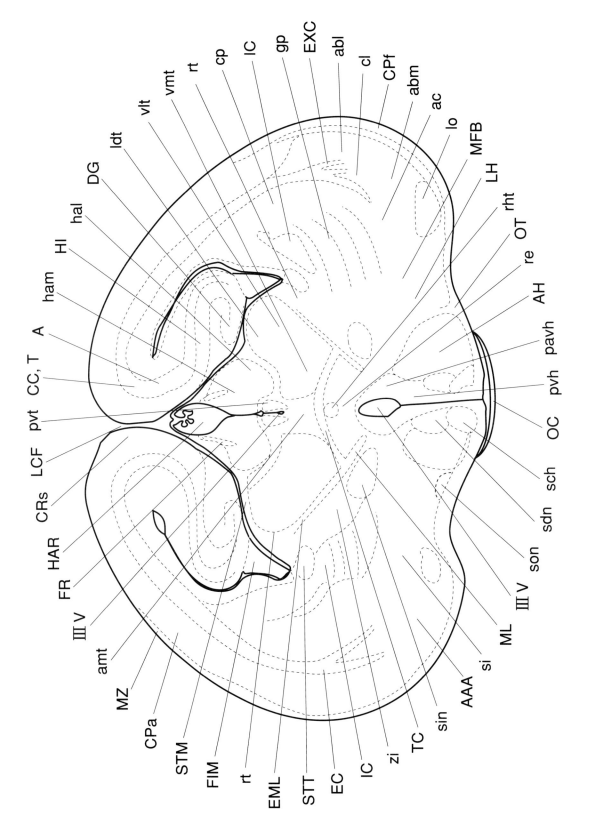

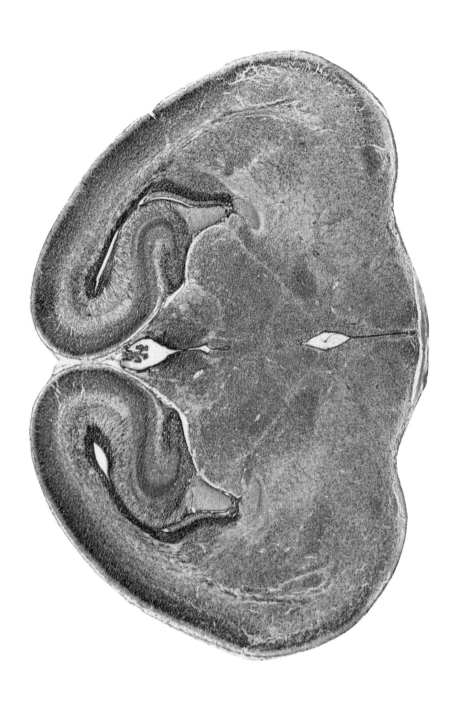

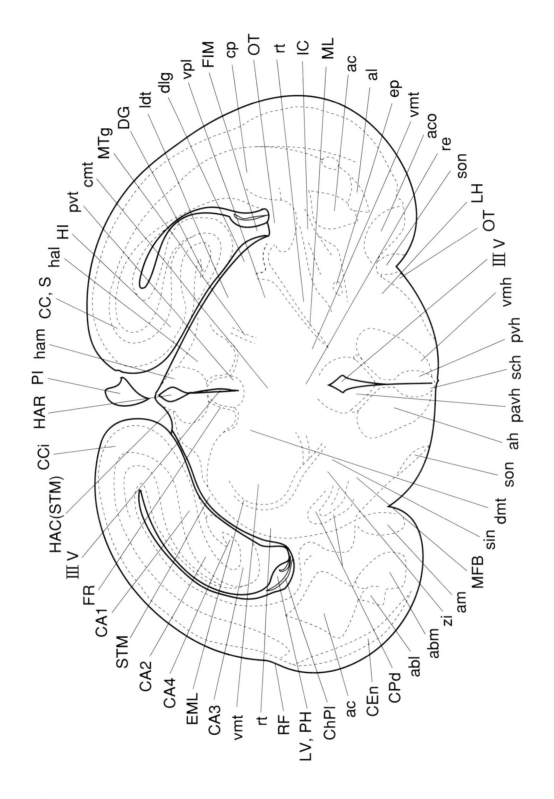

GD 18 COR. 14

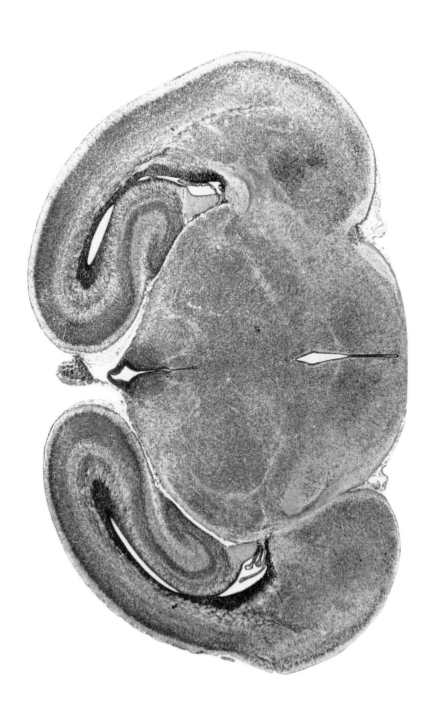

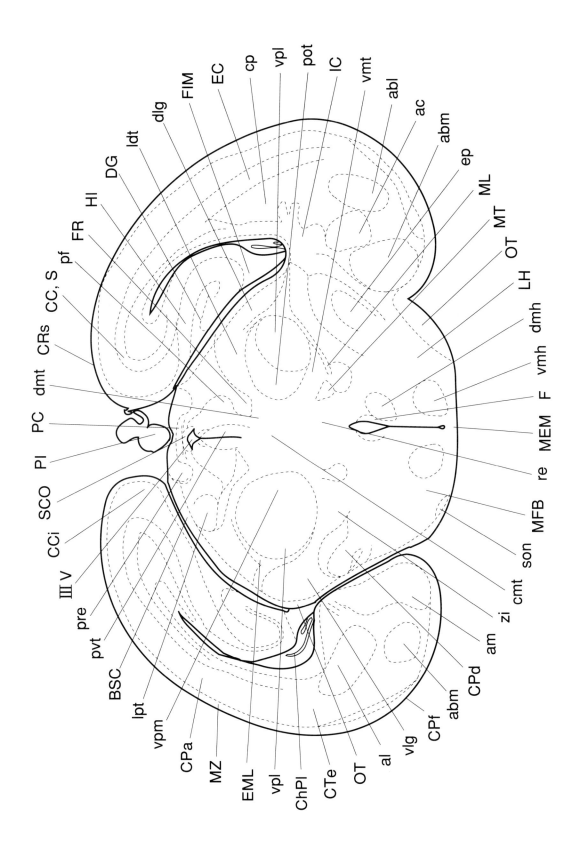

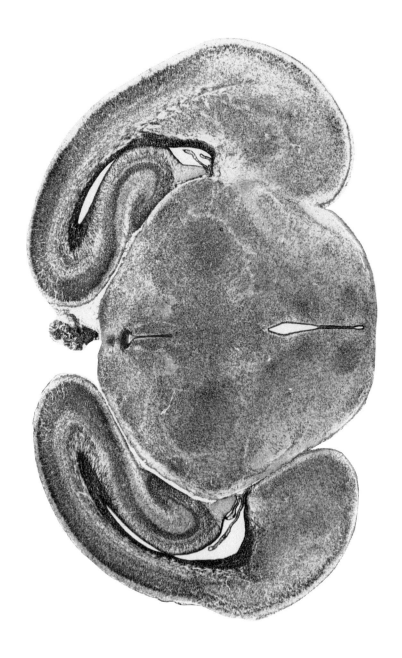

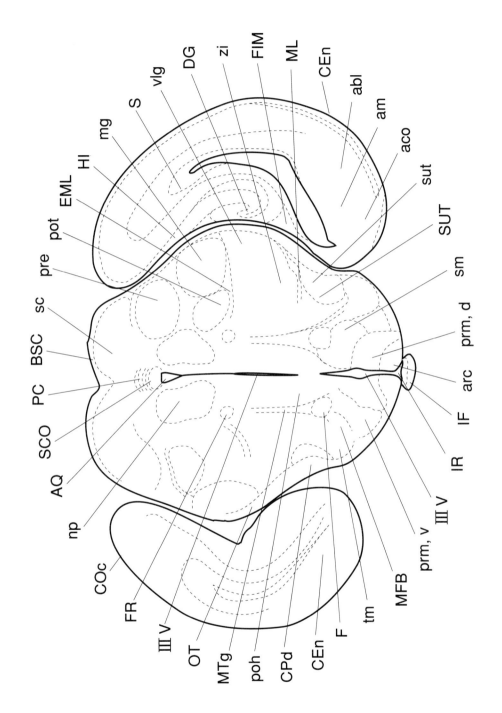

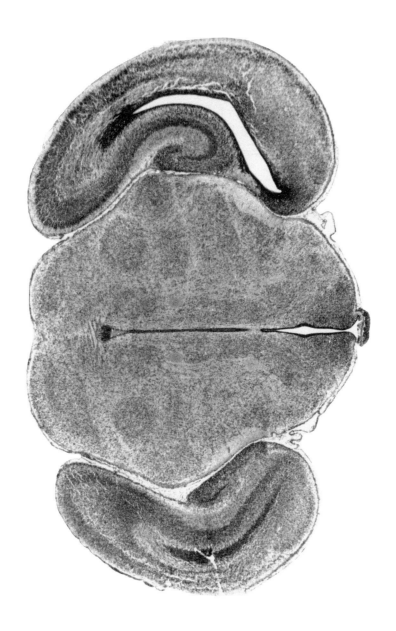

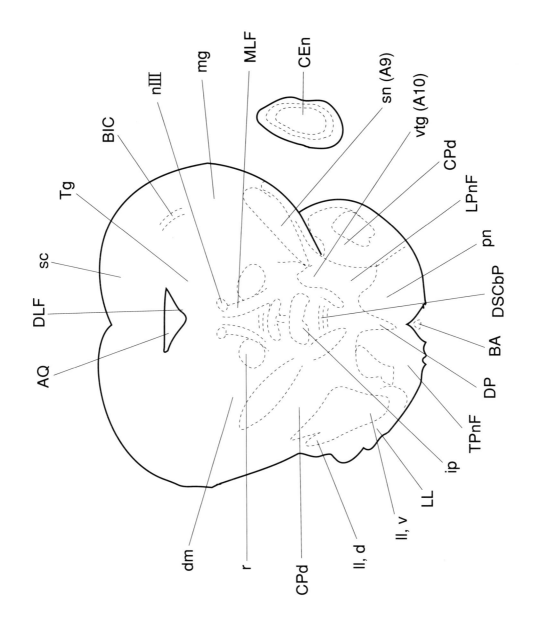

GD 18 COR. 17

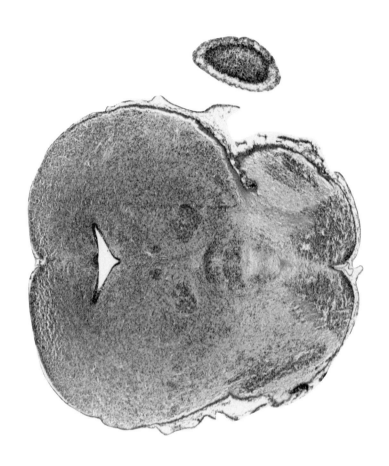

GD 18 COR. 18

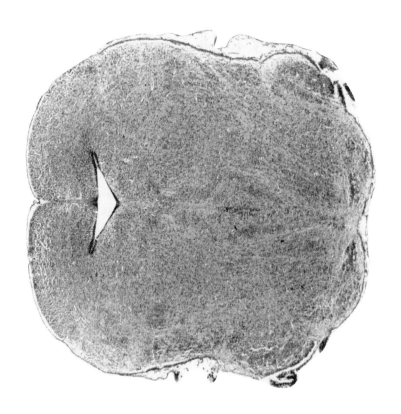

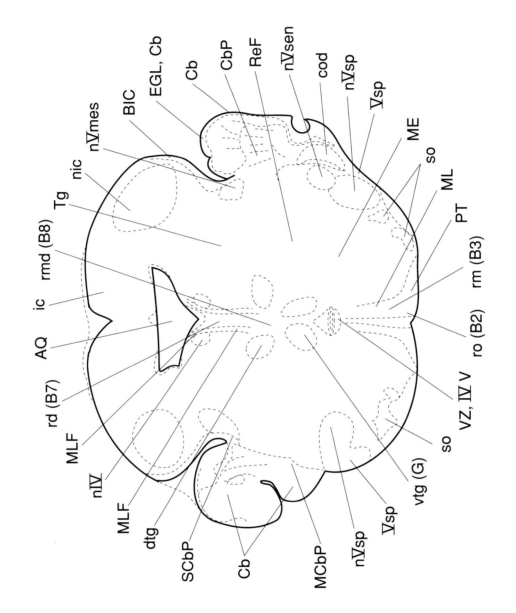

GD 18 COR. 19

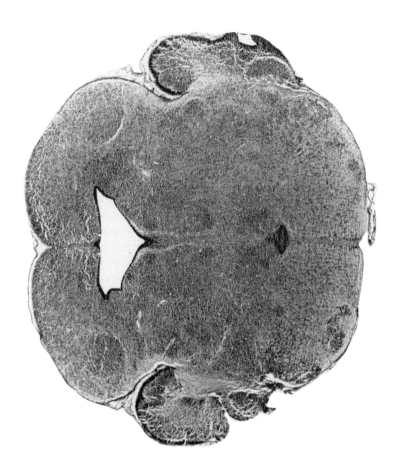

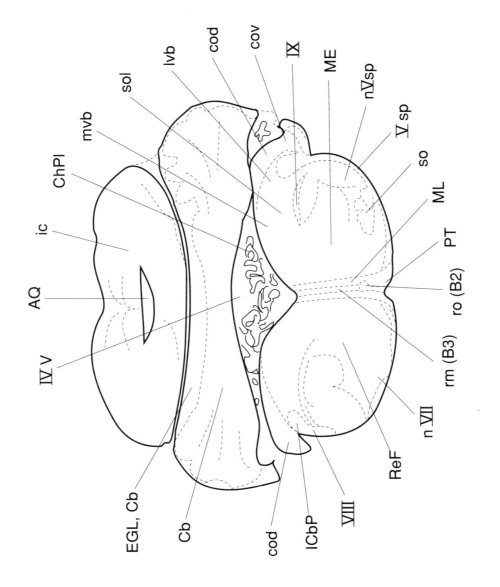

GD 18 COR. 20

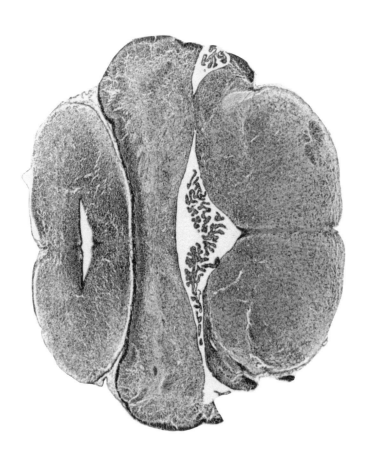

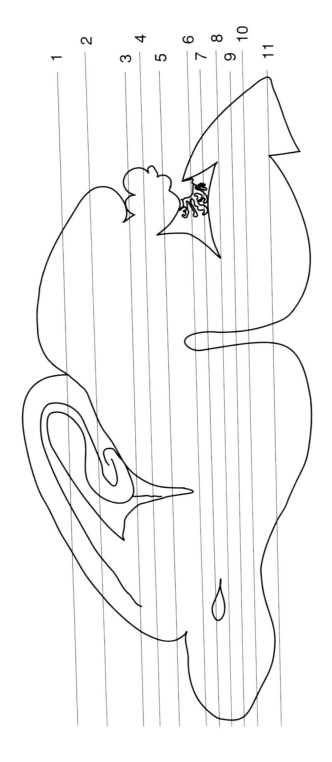

GD 18 HORIZONTAL SECTIONS

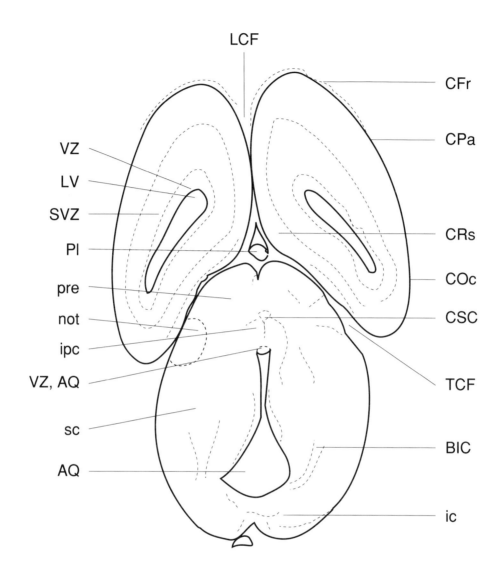

GD 18 HOR. 1

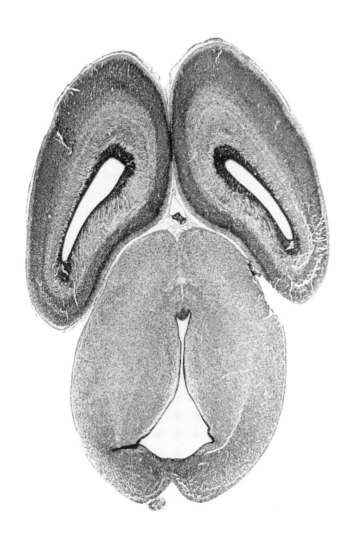

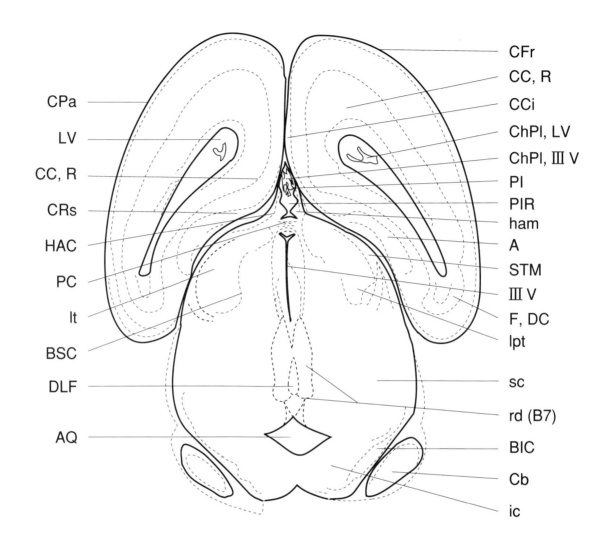

GD 18 HOR. 2

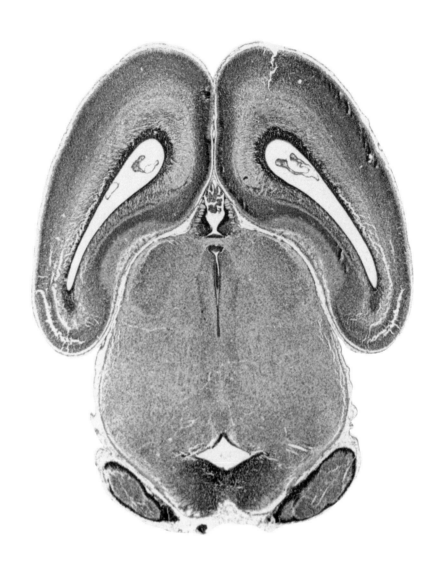

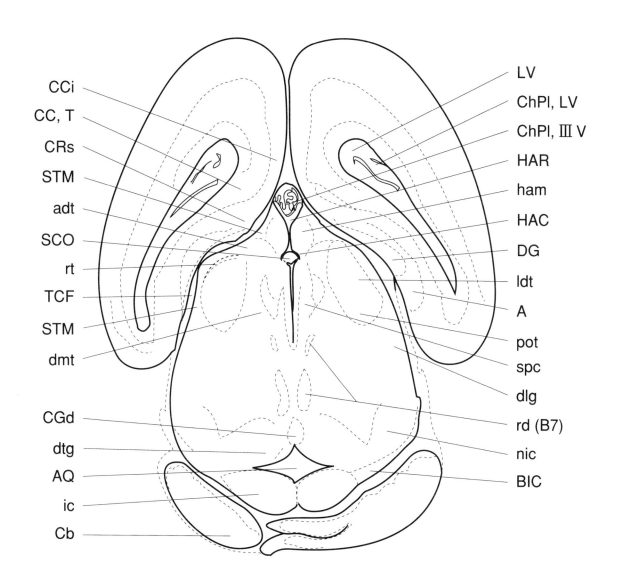

GD 18 HOR. 3

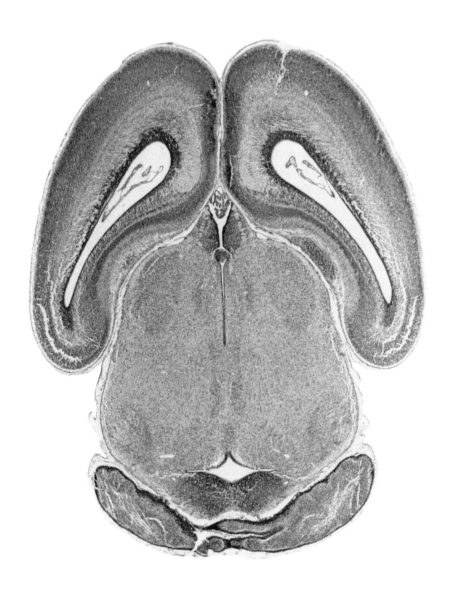

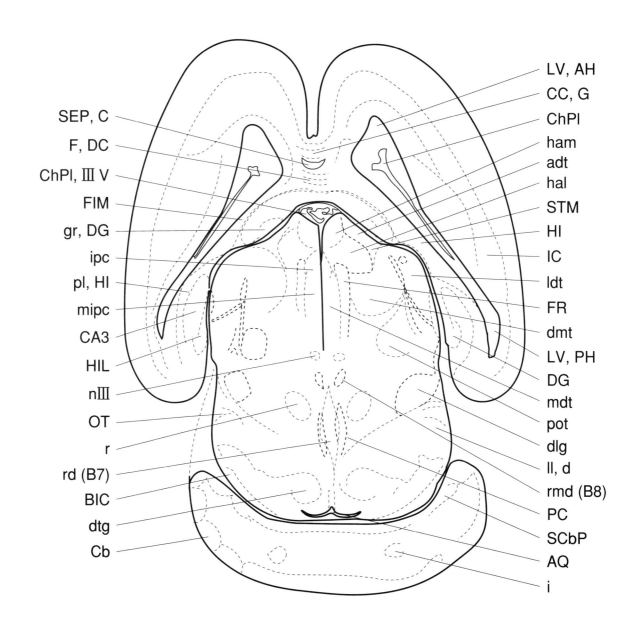

GD 18 HOR. 4

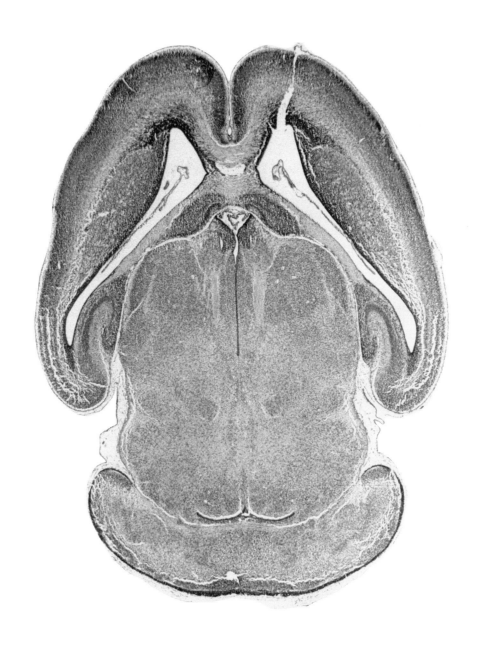

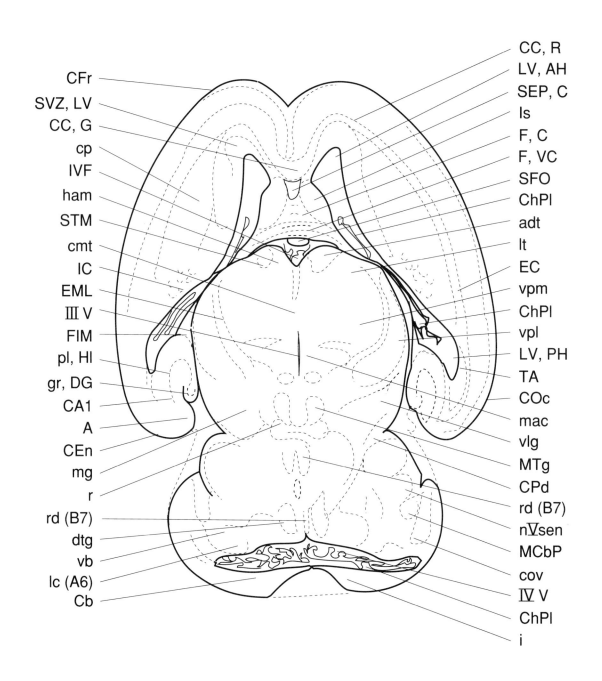

GD 18 HOR. 5

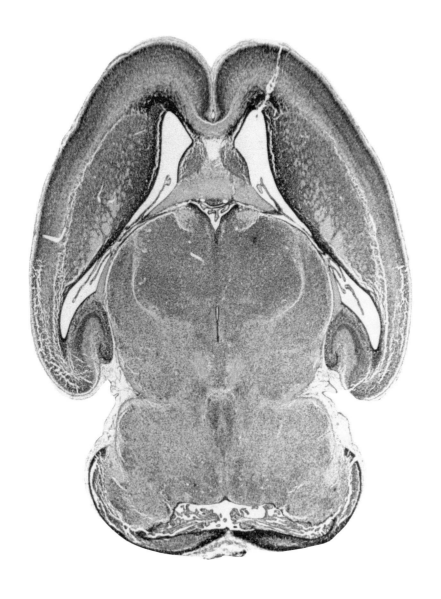

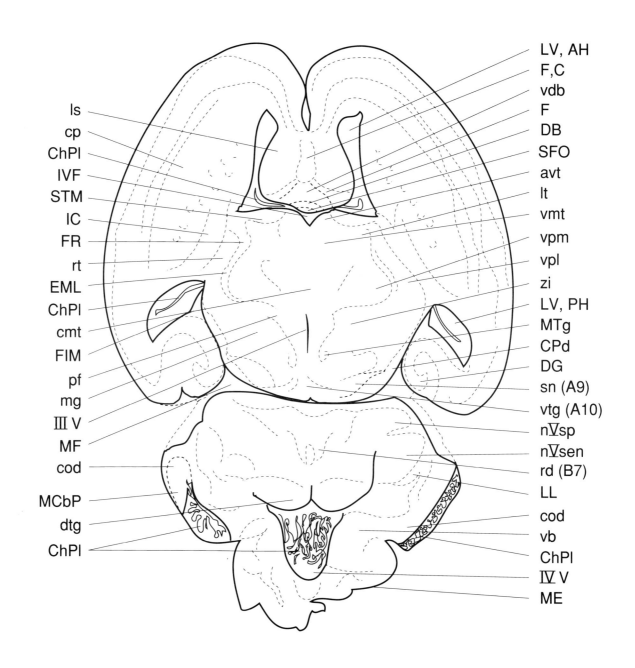

GD 18 HOR. 6

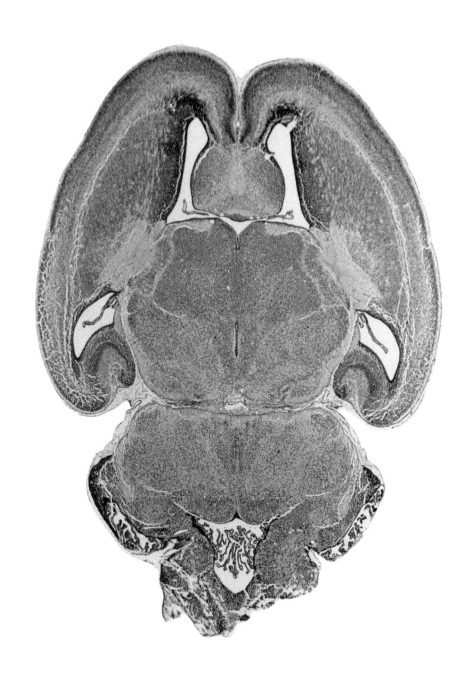

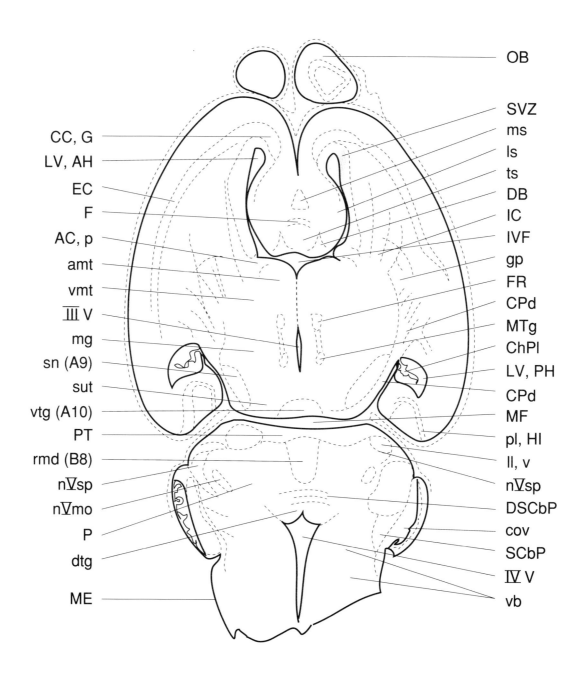

GD 18 HOR. 7

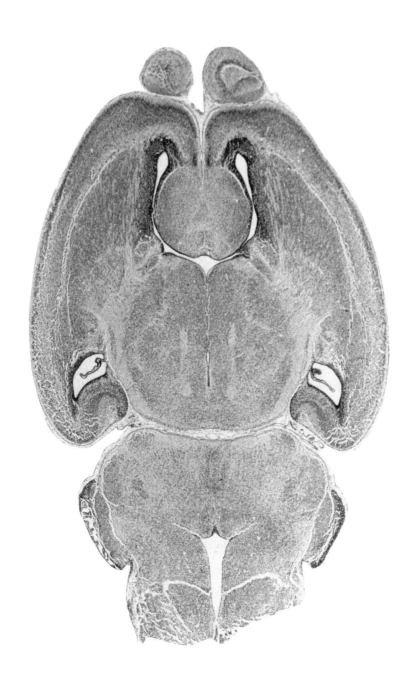

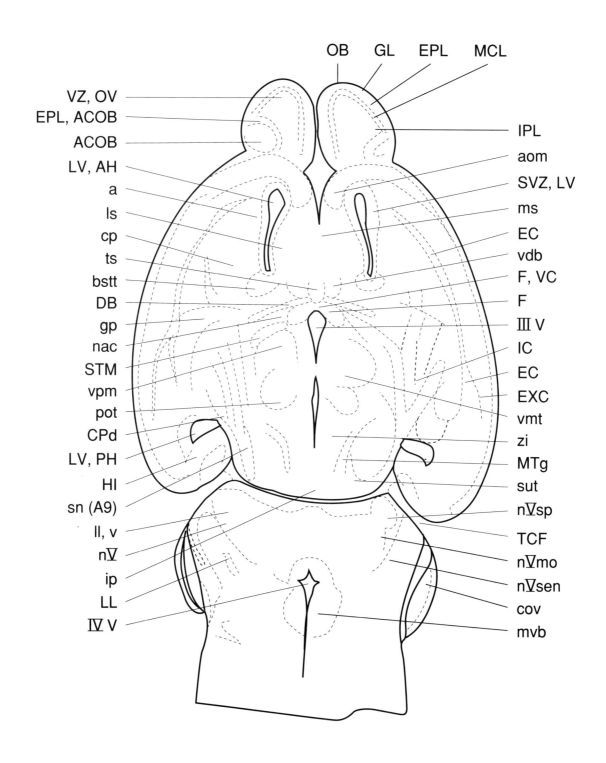

GD 18 HOR. 8

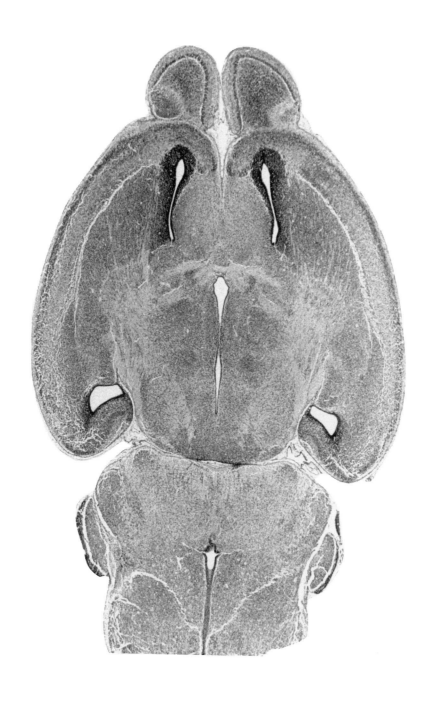

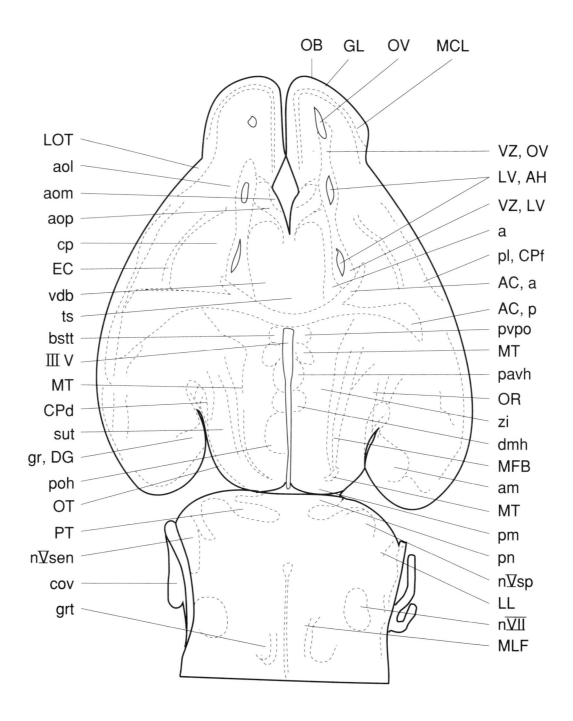

GD 18 HOR. 9

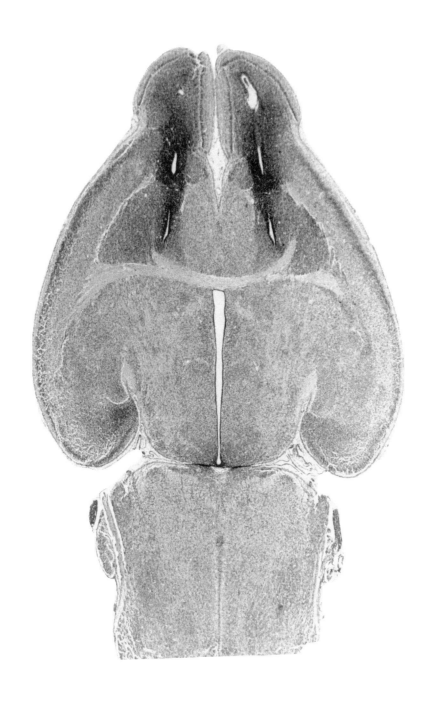

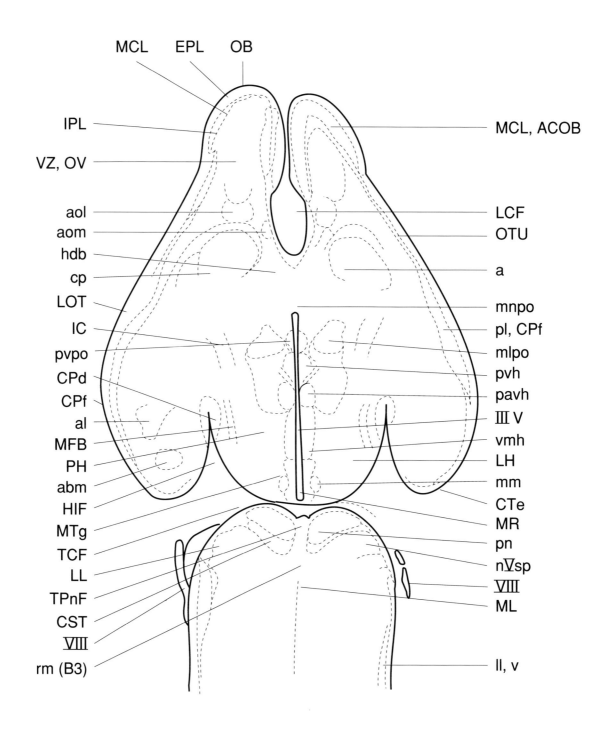

GD 18 HOR. 10

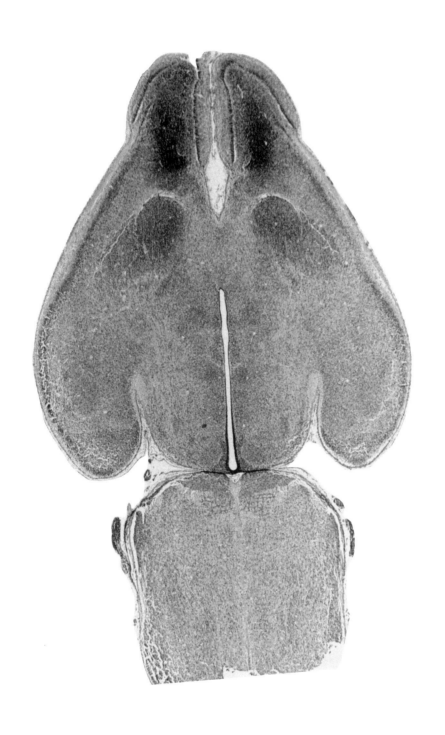

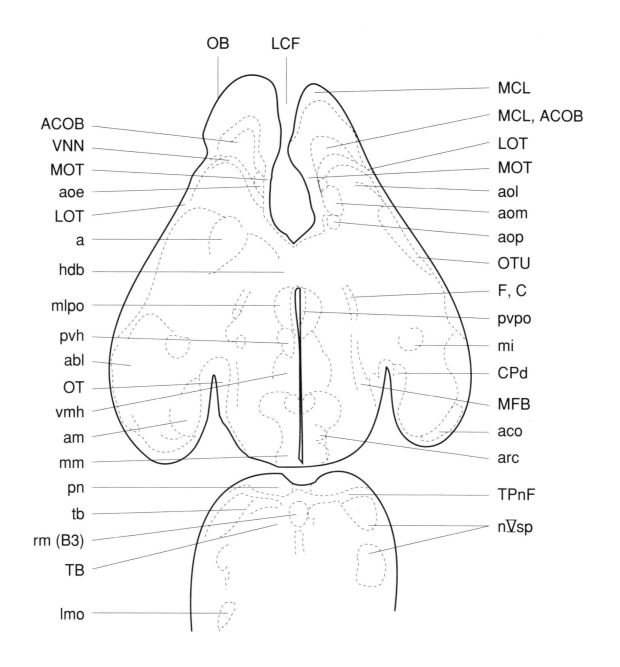

GD 18 HOR. 11

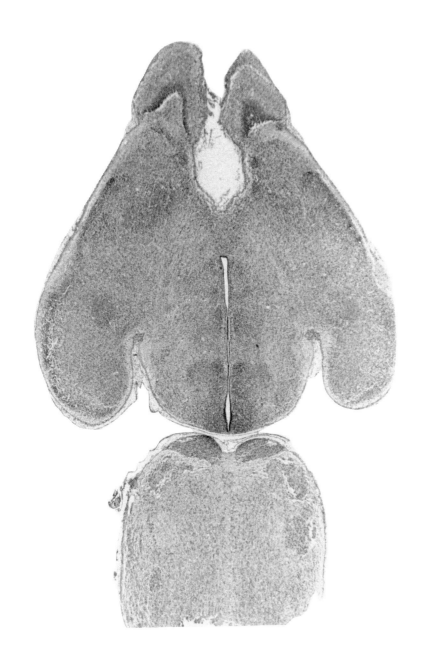